Integrated Solutions for Urban Water Issues

从海绵城市到多维海绵

系统解决城市水问题

朱闻博　王　健　薛　菲　陈　珊　主编

江苏凤凰科学技术出版社

编委会

主　编：朱闻博　王　健　薛　菲　陈　珊

副主编：陈　凯　胡本雄　龚　宇　郭雁平　陆绍笈　李　战　刘晓文

编　委：孙　翔　黄奕龙　李　毅　刘雪朋　卢巧慧　景瑞瑛　宋　航
　　　　蔡　勇　陈纯山　陈　朗　陈天驰　成　洁　葛　翔　葛　燕
　　　　郭　睿　何广海　胡仁贵　黄松联　黄小平　平　扬　雷　声
　　　　李朝方　李海英　李　莲　李　柱　林　杰　刘琼玲　刘志龙
　　　　罗嘉佳　王国栋　王福连　王　卫　王　燕　吴　奇　熊寻安
　　　　杨世平　姚　远　于远燕　张　波　张明凯　郑　政　黄　蓉

前言

犹记得，家乡门前有一条小溪，清凌凌的水悠然流过，水边可见鱼虾浅游，岸上留下孩童嬉戏。如今在城市中生活已经 30 余年，儿时家乡河流的记忆却梦牵魂绕。我常常在想，在今日高度工业化、城市化的都市中，昔日乡野时代记忆中"水清沙白、鱼翔浅底"的家乡河流还能否再现？

得益于早期从事市政工程设计、城市规划行政与技术管理工作，我经常与规划、建筑等专业人士接触、学习、交流，因而对城市的水有了不同角度的理解。多年来业界普遍认为水利、市政给水排水等涉水工程系列是城市基础设施的配套专业，但是现在我们看到很多城市的水问题，包括"看海""黑臭"等，源于快速的、单一的土地开发建设模式和过于单一的专业分工！尤其是对自然水系的破坏无以复加，现在投入大量的资金，是为了消除当时没有尊重水系、没有系统思考的后遗症。

自 2006 年以来，我们将跨界思维引入到传统水利：考虑到河流、湖泊既是城市基础设施又是公共空间，提出了防洪治涝、水质改善、生态景观"三位一体"的流域综合治理理念，将水利工程、市政给水排水、生态技术、城市规划和园林景观等专业相互融合统筹。后来又不断总结完善，结合更高的标准、更新的理念，

充实调整为防洪治涝、水质改善、生态修复、景观营造和信息管理"五位一体"的治水、管水新思路，并提出了"多维海绵""流域海绵""离岛式填海模式""全域人工水生态系统""街区水系统"等新概念。

忆往昔，《清明上河图》以南北大运河汴河段为载体，反映了汉唐盛世之后城市的发展和百姓生活画卷。汴河不但是当时南北交通的大动脉，而且还是城市的生命线。《清明上河图》表现的不是一般的城市经济繁荣，而是一种特定的、由汴河漕运带来的城市经济繁荣，成为当时城市新生活的典范，为世人所仰慕。

看今朝，党的十九大报告强调："必须树立和践行绿水青山就是金山银山的理念""统筹山水林田湖草系统治理"。作为水务工作者，我们期待以生态为本，以水系修复规划先导为手段，构建多规合一的城市规划建设新思维。我们期待建设绿色开放水务基础设施，使河流成为城市的重要生态纽带，持续改善人居环境，开创区域经济和环境协调发展的新篇章，创建有特色、有品质、有文化、有价值的中国山水之城。

朱闻博

2018 年 6 月

清明上河图（节选）

目录

第一篇
基本概念：城水共生时空史

秦都咸阳有渭水穿城而过，东都洛阳溯运河贯通南北，《清明上河图》有熙熙攘攘的开封市集，朱自清笔下有桨声灯影里的秦淮河，还有巴黎塞纳河、伦敦泰晤士河、上海黄浦江、深圳河湾……纵观人类文明发展史，凡著名城市多有一条著名河流相伴相生。河水默默流淌，见证着城市的成长。而深圳河湾更是中国改革开放滚滚向前的见证。从小渔村到大都市，在改革开放 40 年的时空跨越中，深圳河湾"遇见"了从远古到今天城市河流在 100 年、甚至 5000 年中遇到的水演绎。在深圳与香港两种制度、两种文化的交融中，在深圳与其他城市不同发展速度、不同建设标准的交流中，我们用深圳 40 年治水之路理解水、思考水，在发现问题的过程中解决问题，探索出具有中国特色的城市治水之道。

巴黎塞纳河

伦敦泰晤士河

上海黄浦江

深圳河湾

从海绵城市到多维海绵 **系统解决城市水问题**

第一章 流域水系，城依水而生

第一节 城市依水而生 〜〜

曾有学者做过这样一项研究：假如拆掉全中国的防洪堤，淹没的国土面积可能仅占国土总面积的 2.8%，而为了保护这 2.8%，我们每年投入近千亿元人民币来修建防洪工程！[1]

为什么会出现这 2.8% 的国土面积在洪水威胁区？又为什么要花如此大的代价来保护？

是我们"不知"而将城市修建在受洪水威胁的地区？还是我们"妄为"而将洪水滞蓄和行泄空间侵占了？

城市依水而生，水因城市而殇。殇则思，思则行，行则知。

一、古代城市产生历程

城市因何而建立，中外学者众说纷纭，无论是防御说、集市说、阶级说还是地利说，在世界上几个古代文明的地区，城市的产生和发展基本都遵循着"农业居民点—城市—城市群"的路径。

在原始社会，人类主要依靠采集、渔猎获得食物，为避寒暑风雨，防虫蛇猛兽，主要以"穴居"和"巢居"的形式居住，没有固定的居民点。由于人口增长、生态环境和资源变化等原因，食物资源的消失迫使人类探寻稳定而可靠的食物来源，农业由此而生，人类逐渐形成相对固定的居民点。一方面人们的生活与农业均离不开水，另一方面河滩地土壤肥沃，适宜农业种植，所以原始的居民点大多靠近河流。我国的黄河中下游、埃及的尼罗河下游和西亚的两河流域都是农业发展较早的地区，这些地区的农业居民点也出现得较早。

由于人类生产水平的提高和生活需求的多样化，以物换物的社会活动渐趋频繁，促进了劳动分工，使得商业和手工业从农业中分离出来。此时，一部分农业居民点增加了商业和手工业的职能，转换成了城市。早期城市一般都在水边建立，一方面是因为原本的农业区需要水源灌溉，另一方面河流还为商业提供了交通运输的便利。在古代中国，苏州、扬州、成都、广州等商业都会都在重要河流的交汇点，因经济、文化交流和各具特色的手工业闻名于世。伴随隋朝南北大运河的修通，长江、淮河、黄河、海河、钱塘江等自然水系被连接组成水网，运河的通航促进了沿岸地区城镇和工商业的发展，造就了扬州、西安、北京这三大世界都市，促进了沿运河城市群的发展。大运河不仅成为南北政治、经济、文化联系的纽带，也成为沟通亚洲内陆"丝绸之路"和海上"丝绸之路"的枢纽。

世界上其他地区亦是如此。尼罗河孕育了古埃及文化，印度文化起源于恒河和印度河流域，古代巴比伦也是在幼发拉底河和底格里斯河形成的两河流域发展繁衍……凡是河网水系发达的地区，都是城市文明最发达的地区。

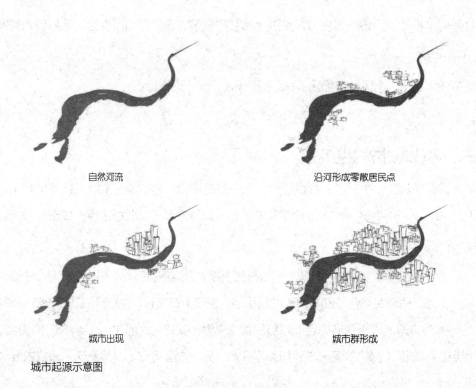

自然河流

沿河形成零散居民点

城市出现

城市群形成

城市起源示意图

二、最古老城市的兴盛

位于美索不达米亚南部、幼发拉底河东岸的乌鲁克城（公元前 3800—公元前 3500 年）被公认是人类历史上最早的大城市。根据对遗址的发掘考察，其城墙长 9 千米，城墙包围的面积超过 400 公顷，估计当时城内生活着 3 万 ~ 6 万名居民。

乌鲁克城的建立和衰败与水结下了不解之缘：约公元前 3500 年，在大洪水之后，旧乌鲁克城地处幼发拉底河冲积平原上而遭受了重大损失，人们在废墟中重建了乌鲁克城，成为乌鲁克王朝的首都，直至第五王朝乌图赫伽勒国王视察水坝时溺水而亡，继任者迁都为止。

作为乌鲁克王朝控制美索不达米亚广阔地区的首都，这座最古老的城市的立城之基便是宏大的灌溉体系。在降雨量稀少、丰枯明显的水资源环境背景下，泛滥期的河水也被视为必须收集的资源，通过引水渠和良好的运河系统纵贯城市——至少有两条很长的主干运河贯穿城市，从主干又延伸出许多小型水渠。水渠用石块铺底，用烧制的砖头铺面，因为未经火烧的潮湿黏土砖块很容易被水侵蚀。人们坐着小船通过运河和水渠进出市中心，有些水渠上方耸立的城门宽度达到 15 米，可见当时这里的交通规模的巨大。运河系统在城中川流不息，把古城和古幼发拉底河上的海洋贸易以及周边的农业区紧密地联系起来。四通八达的河网被看作工程技术的杰作，因而绿树成荫的乌鲁克也被比喻为"沙漠中的威尼斯"。

治水融城，成为人类最古老城市的根基——水利专家们监视并预测河水的涨落，组织劳动力进行农田灌溉，而复杂的水利灌溉系统不仅需要工匠和专家的参与，对行政管理的需求在某种程度上也促进了楔形文字的诞生；另一方面，专家甚至推测乌鲁克水渠有闸门控制水位从而抵御泛滥期的洪水。

然而，乌鲁克坐落于古幼发拉底河流域西南部，从公元前 4 世纪开始，这里的水道渐渐干涸。如今，瓦尔喀城位于幼发拉底河西北部，或许在某个历史节点上发生的河流改道是造成乌鲁克衰败的原因。

三、八水绕长安的幻灭

西安，古称长安，长安城南对终南山及子午谷，北临渭水、泾水，西有沣水、涝水，南有潏水、滈水，东依浐、灞二河，旧称"八水绕长安"。长安八水是指绕古都长安而过的八条河流，历史上的"八水"拥城泽地，在长安附近构筑成天然密集的水网系统，不仅使隋唐时期的长安成为一个用水富足的城市，还给它带来了"陆海"（指湖泊和池沼很多）的美称。从地理上看，长安东有崤山、函谷关之险，西有关陇、巴蜀之固，披山带河，沃野千里。

长安八水位置示意图（图片来源：网络）

　　我国历代王朝、割据政权以及各个少数民族政权，曾经建立过217处都城，但这些都城，绝大部分都如昙花一现；只有长安，在上千年的时间里，先后成为13个王朝的首都，可谓千古一城。但是公元907年唐代灭亡以后，长安似乎就衰竭了，此后除了一个迅如流星般的李自成的大顺政权外，长安（西安）从此再也无法跟王气沾边了。

　　有种说法认为，唐代以后的王朝，不在长安立都，是因为从唐朝末年开始的频繁的政治动荡与破坏。公元883—904年，在短短21年间，长安城先后经历了黄巢之乱、宦官之乱以及军阀纷争，四次被毁。然而千年之间长安屡屡重建复兴，为何从唐末的纷乱后却一蹶不振呢？

　　政治的动荡，只是长安王气消失的表象，潜藏在这股长近400年的动荡背后的，是长安的"消聚性衰退"。首先，一些赖以立都的基础条件被破坏和毁灭。从秦汉开始的大规模城市营建、农业开垦，使关中平原原始森林遭到毁灭性破坏，从而引起水资源的锐减、自然气候的剧变，以及漕运的断裂——唐代末年，泾水、渭水、灞水等河流水流量越来越小，龙首渠、清明渠等人工渠道也相继干涸；北宋时，"八水"中的潏水，水流量更是小到了可以蹚水过河的地步。其次，随之而来的是自然灾害。唐朝中期（公元8世纪），竟然发生了37次旱灾，平均每2.7年就发生一次。而关中地区这种频发的自然灾害，也使得长安城逐步进入一个生态崩溃的大环境。

这些或许是导致长安自唐末以来不能立都的根本原因。此后无限制的森林砍伐，造成了秦岭山脉森林植被破坏、水土流失、西安城区严重缺水的尴尬局面，加上近代工业污染，作为黄河一级支流的渭河和它的七条支流——灞、浐、泾、沣、滈、涝、潏，其生态都遭受到不同程度地侵扰。

乌鲁克和长安城的兴盛与幻灭，是农业社会水城关系的典型案例。水源、通道，水作为人类聚居地的命脉，决定了城市的兴衰。水，载舟覆舟，城因水而生，也会因水而湮。

流域水系哺育了城市，而城市的生长也在影响着流域水系的演变，由八水绕长安的幻灭可见一斑，乃至今天仍是如此。在工业化快速发展的背景下，城市生活便利、产业发达、环境优良，吸引了大量移民涌入新兴的工业城市，开启了前所未有的城市化进程，同时也带来了水面率降低、河网缩减、水体污染、河流功能退化等流域水系的变化。

城市依水而生，水因城市而殁。进入生态文明时代，尊重与修复水系，注重跨界、多维、均衡，以及建设水生态文明，是当下构建理想城水关系的必由之路。

第二节 水系演变对城市环境的影响 〜

　　城市水系作为城市的水源地、交通航运通道、污染物质的净化场所、生态调节器及景观旅游绿色廊道，具有调蓄雨水、防洪排涝、调污治污、维持生态平衡、改善城市微气候、改善城市人居环境、保护城市特色、增强城市魅力等重要作用。城市水系大多数都融入了城市的发展，也见证了城市历史的变迁，随着城市的发展变化不同程度地受到了影响和破坏。

一、城市化对深圳水系变化的影响

　　1970—2017 年间，深圳市 GDP 由 1.13 亿元增加到 22 438.39 亿元，翻了近 2 万倍。城市的快速发展，是造成水系变化的直接原因。

　　第一，城市用地紧张导致城市水面率降低，调蓄面积减少，具体表现在：河道填塞现象突出，城市用地挤占河道空间现象普遍，大量滩地、湿地消失，河道过水断面减少，河道变窄。较之 1970 年，深圳河道数量减少了 500 条，河道总长度减少了近 800 千米，其中被填塞的二、三级及以上支流占 90% 以上，这些被填埋的河道一旦改作他用，很难恢复。

　　第二，得益于城市饮用水增长的需求及营造景观水体工程的需要，水库、湖泊的数量增加了 89 个，其水域面积相应地增加了 17.3 平方千米。

　　第三，在城市化过程中，大量生产、生活污水未经处理直接排入河流，1991 年，深圳市综合污染指数 1.62，到了 2008 年，这一数字已经达到 5.06，显示出城市水系遭到了严重的污染。

二、洪涝灾害的成因及其受水系变化的影响

　　河网缩减和河道间的沟通削弱了深圳城市水系的调蓄能力，加上城市扩张过程中土地利用方式的转变，大量耕地、林地、草地、水域转换为城市建设用地，土壤物理、化学、生物性质改变，不透水面积加大，直接改变了城市暴雨径流形成条件，使得径流系数增大、汇流时间缩短、洪峰流量增大，从而对城市水灾成灾机制产生影响，水灾发生频次增加。具体可概括为以

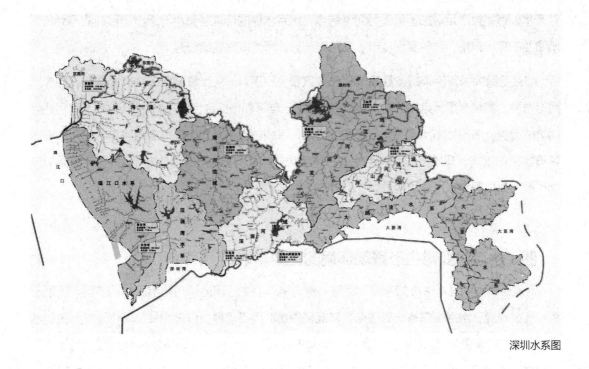

深圳水系图

下几点：

（1）水系调蓄能力下降：城市发展，导致河网缩减，河道滩地、湿地大量消失，降低了城市水面，削弱了水系调蓄洪水的能力。

（2）气象因素：深圳地处沿海地区，水气充沛，气候湿润，台风活动频繁，暴雨多且强度大。

（3）地理条件：河流短小，山高坡陡，洪水陡涨陡落。深圳的河流水系还受到沿海区域潮水的顶托。

（4）下垫面条件的改变：由于城市发展及经济建设的需要，原有的池塘、稻田、耕地、山坡被开发为市政用地，降低了流域内的调蓄能力，使径流系数增大。

（5）城市河流堤防标准偏低，排涝设施不足。

三、深圳市水环境容量及其受水系变化的影响

水质快速恶化是水系演变过程的重要变化因素。深圳近 40 年来经济、社会持续高速发展，工业和生活废污水污染严重，而污水处理系统等基础设施建设严重滞后于城市总体建设水平，

其污水处理能力不足。加上雨源型河流特点，水系本身的环境容量小，远小于目前的污染负荷所需要的环境容量，致使深圳城市水系污染严重，河流黑臭现象普遍。

取目前深圳水系污染指数最高的生化需氧量（BOD_5）来计算深圳市水环境容量，并考虑两个方面：如果考虑污染物的环境背景值，2008 年深圳市综合污染指数达到 5.06，而且还有增大的趋势，表明城市水系遭到了严重的污染，深圳城市水系已无环境容量可言；如果不考虑环境本底的影响，环境标准值采用地表水环境功能区 V 类标准数值 10 毫克 / 升，计算得到深圳市最大生化需氧量水环境容量为 19 540 吨 / 年。

四、水系演变对生态景观环境的主要影响

河流蜿蜒型的基本形态如急流、缓流、弯道格局消失，河道渠化严重，这些使得河流形态单一化，改变了水系生态系统的结构，降低了生物群落多样性。过去深圳市渠化治理河道约占河道总长的 25.9%，河道岸坡大量采用浆砌块石或混凝土材料，导致水体与陆地之间无法完成物质、能量的交换，无法与周围环境形成相协调的河道景观，需要向生态护岸的形式转换。

另外，上游建库蓄水以后，洪水的消除或洪泛次数的减少削弱了河流与湿地之间的联系，湿地逐渐减少，甚至大面积丧失，生物食物链中断，生物多样性和生产力下降。近海及海岸湿地消退导致近海生态系统退化。近海及海岸湿地占深圳湿地（包括近海及海岸湿地、河流湿地和湖泊湿地）总面积的 54.1%。近海及海岸湿地属于海洋高生产力生态系统，例如米埔自然保护区和福田红树林自然保护区，是世界上观赏水鸟的最佳地点之一，共有 300 多种鸟类栖息或过境，其中包括不少世界级稀有濒危种类。但由于过去坚持传统型的由海岸向海延伸的围填方式，滨海滩涂湿地面积不断减少，近海生态系统正在退化。

城市水系水质恶化是造成生态景观被破坏的根本原因。此外，河流水体的高热容性、流动性以及河道风的流畅性，对减弱城市热岛效应具有明显的作用，然而深圳城市化带来的城市内部河网的萎缩减少，以及水面率的降低，削弱了它们改善城市热环境的作用。

五、城市水面率的修复与补偿建议

城市水面率与行洪除涝、水资源利用、景观娱乐、水环境容量、区域小气候等密切相关，是水系建设的核心与关键。

依据《城市水系规划规范》（GB 50513—2009），深圳市的适宜水面率为 8% ~ 12%。将海岸线向外 1 千米范围内海域面积纳入城市水面率，则深圳城市现状水面率为 11.92%，满足《城市水系规划规范》的要求，但其水资源分布极不均匀，不靠海的茅洲河流域、观澜河流域、深圳河流域、龙岗河流域及坪山河流域等 5 个流域的平均水面率仅为 4.8%，而流域面积占到总面积的 86.4%。如果不考虑邻近海域，深圳城市现状水面率仅为 4.61%。建议茅洲河流域、观澜河流域、深圳河流域、龙岗河流域及坪山河流域等 5 个流域的平均水面率达到 8%（约需增加水面面积 43 平方千米），将之作为未来城市水系的建设目标之一。

对城市水面的修复与补偿本着尊重城市规划区内历史水面分布的原则、符合城市地形地貌条件的原则、符合区域水资源可供水量的原则、符合城市总体规划和景观环境的原则、水面修复与补偿可行性的原则、以现状水面为基准占一补一的原则。

自 2005 年起，深圳市开展了以河流综合治理为依托的水环境改善工作，通过新建或扩建城市湿地、新建或扩建城市人工湖库、加强对城市水系的补水力度、规范城市小区建成后的水面率补偿等措施对城市水面进行了修复与补偿，其环境效益正在显现。

第三节 河流：城市魅力的重要生态载体

深圳水库排洪河、福田河、新洲河、南山后海中心河、观澜河、龙岗河、国际低碳城丁山河……一条条水清岸绿、鱼翔浅底，灵动于现代都市的滨水休闲廊道呈现在深圳市民面前，展示着 10 余年来河流水环境治理的成效，也让市民深切地感受到"城市，让生活更美好"。

一、城市魅力的"八字方针"

早在两千多年前，亚里士多德就说过："人们来到城市是为了生活，人们居住在城市是为了生活得更好。"2010年上海世博会以"和谐城市"的理念来回应人们对"城市，让生活更美好"的诉求。

数百年来，人们对"和谐城市"模式的探讨从未停止过。19世纪末埃比尼泽·霍华德首次提出花园城市运动。20世纪提出了生态城市、园林城市等设想。近年来，数字城市、感知城市、无线城市、低碳城市、智慧城市等未来城市的概念正在世界各地被付诸实践。

一系列的理论、主张和模型无不在探索如何建立城市在空间、秩序、精神生活和物质吐纳层面的平衡与和谐。然而回归到城市居民最朴素的诉求，当下城市发展应当追求如下"八字方针"：**通畅、品质、野趣、传承**。

路网和水网构成城市的骨架，**通畅**与否是首要因素。城市道路网规划建设有两个重要指标：一是道路网密度，指在一定区域内，道路网的总里程与该区域面积的比值；二是道路面积率，指的是建成区内道路面积与建成区面积的比值。我们注意到有些地区热衷于修建"大马路"，道路面积率高，但路网密度相对不足，虽然在理论上多车道容量大，但一旦某一点拥堵，负面影响也很大。反之，在道路不那么宽而路网密度高的地区，其容错能力更强，网络上一点发生拥堵，可以替代的线路更多，路网相对更畅通。

与路网相应的水网亦然，水系存在河网密度和水面率两个重要指标，与行洪除涝、水资源利用、景观娱乐、水环境容量、区域小气候等密切相关。城市用地紧张导致城市水面率降低，调蓄面积减少，具体表现在：河道填塞现象突出，城市用地挤占河道空间现象普遍，大量滩地、湿地消失，河道过水断面减少，河道变窄，尤其是河流填塞现象直接导致了河网密度的降低。

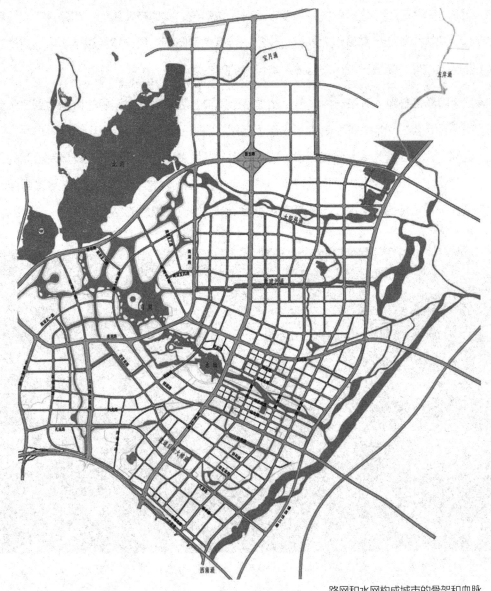

路网和水网构成城市的骨架和血脉

尽管可以通过新建或扩建城市湿地、城市人工湖库等方式补偿水面率，但河网密度降低带来的负面影响不容小觑。

  第二个因素是品质，也就是城市的建筑、基础设施等要拥有高质量、高标准的外观、构造、功用和性能，还包括服务保障等应满足市民的需求。现代化城市的考量因素不仅包括建筑、广场、公园的完善与丰富多彩，更体现在城市基础设施运行的安全与品质，以及超前规划与运行效率。城市竞争力和民生福祉的提升需要以提升区域形象、实现产业转型、完善基础设施等为主导手段。需要以城市自然禀赋为基础，在产业转型的导向下，通过整合城市与自然资源的界面，深挖人文内涵，来提升城市的整体形象与人们的生活体验。

第三个因素是野趣，这是一种城市自然生活态度与生活方式。陶渊明的诗里写到"久在樊笼里，复得返自然"，描写的正是都市人亲近自然的需求，不仅要望得见山、看得见水，还要可近、可亲、可感。作为人工建成环境，能够和自然环境融为一体的城市无疑具有很高的宜居度。"一半山水一半城"是中国多数城市的"城市禀赋"，构建生态城区、打造更富野趣的、休闲的场所，需将海绵城市建设与城市内河湖相结合，行成多绿道的生态网络。

深圳福田河畔的蜥蜴

最后一个因素是传承，指的是物质文化遗产和非物质文化遗产的传承，是城市人乡愁的寄托，是诗情画意的精神食粮。随着改革开放不断深入，我国的城市化空前高涨，旧城被大面积改造，新建城区在迅速扩展。然而如何避免千城一面，如何保持城市的特色风貌，如何体现民族特征，如何保持优秀的传统和地方色彩？中央城镇化理想说："要依托现有山水脉络等独特风光，让城市融入大自然；让居民望得见山、看得见水、记得住乡愁"。而水正是乡愁的重要载体。钱塘观潮涌、莞人赛龙舟，独具特色的水事件不仅丰富了城市人的生活，更成了代代相传的非物质文化遗产。

从海绵城市到多维海绵　**系统解决城市水问题**

当城市具有"通畅、品质、野趣、传承"的质素，方能激活城区，使其焕发魅力且富有情趣，自然能够吸引人才、资本的聚集，而城市的转型和智慧化建设也将水到渠成。

二、山水城市与水廊道

山得水而活，水得山而秀，城得山水而灵。

我们注意到，所有现代化城市的建设都采用了许多相同的技术和材料。在追求易于开发的场地条件过程中，山地被推倒、水道被填平、森林被砍伐，这些活动推动了城市的快速增长，但也使得城市的外观和给人的体验日趋相似，且常常造成环境的恶化。如何利用具有识别性的、不同寻常的性质打造每座城市，将其建设得独特而令人难忘？山、水资源作为城市最显著的自然优势应发挥突出作用。通过跨界思维，将城市水系策略与城市土地利用、空间规划、交通路网及生态环境保护系统统筹规划，并结合立体建设的思路，促进城市各要素的整合以及城市形态与空间环境的协调发展。

1990 年，我国著名科学家钱学森先生提出构建"山水城市"、把山水作为城市的要素、山水与城市浑然一体的思想，受到规划界、学术界的广泛响应，乐于付诸实践。钱学森先生主张"城市规划立意要尊重生态环境，追求山环水绕的境界""城市建筑物、构筑物，以及小品、公园、绿地、道路等，都要顺应自然山水形态，结合为有机的整体空间景观，让城市镶嵌在山水之间，以构建'半边山水半边城'的美丽画卷"。[2]

相较于山，水与城市的联系似乎更为紧密。想象一下桂林的"山水甲天下"，济南的"家家流水、户户垂柳"，杭州的"断桥残雪、苏堤春晓"。水是与令人难忘的城市联系最紧密的自然特色，世界上多数令人流连忘返的城市建设都与海港、河流和湖泊有关，并以此闻名。

1. 阿姆斯特丹水系

荷兰首都阿姆斯特丹位于艾瑟尔湖西南岸，人口近 90 万。阿姆斯特尔河从市内流过，从而使该城市成为欧洲内陆水运的交汇点。阿姆斯特丹的水上面积超过了该城总面积的 1/4，但城市的地势一般低于海平面 1 ~ 5 米，不利于天然的防洪排涝。因此从 13 世纪开始，荷兰人开始开挖运河，修建堤坝、挡潮闸等，逐渐形成了蛛网状的水系。

全市共有 160 多条大、小水道，由 1000 余座桥梁相连，水路与陆路交通平行发展，不仅解决了低洼地势下的城市防洪排涝问题，而且形成了独特的城市风貌。各个地块都享有水体，提升了土地的经济和环境价值。

阿姆斯特丹运河

2. 堪培拉人工湖

格里芬湖位于澳大利亚堪培拉市中心，是以该城市的著名设计师格里芬命名的人工湖。湖岸周长35千米，面积704公顷，将堪培拉市一分为二。湖的南侧是行政区，包含有政府大楼、国会大楼、国家图书馆等。湖的北侧是以城市广场为核心的住宅区、商业区、教育区。南北城区隔湖相望，通过东西两端的两座大桥将全城连为一体。

湖岸的联邦公园建有库克船长纪念喷水池，从湖底喷出的水柱有140米之高，作为标志性水景观，站在全城任何地方都可以看到。游客还可以进行划桨船、水上单车、游艇等休闲娱乐活动。

3. 伦敦多克兰地区

伦敦的多克兰地区在荒废的港湾地区采用新的土地利用规划，通过对现状河道的改造增加更多的亲水河岸，建立野生动物栖息地和生态公园，引入新的服务业功能（如旅游、观光、疗养、娱乐等）来创造新的吸引点，提升旅游价值。同时开发了现代化的办公、商业、住宅等设施，使多克兰地区成为新的具有吸引力的城市生活区。

格里芬湖（图片来源：网络）

伦敦多克兰地区（图片来源：网络）

实施规划前的多克兰地区（1981 年）人口为 3.94 万（比 1971 年下降了 20%），失业率为 17.8%，1978—1981 年间减少了 1 万个工作机会，60% 的土地闲置。实施规划后的多克兰地区（1998 年），人口增加了两倍，成为伦敦地区的商务中心，亲水河岸形成众多公园，每年有 400 万的游客到访。

4. 北京奥林匹克公园

北京奥林匹克公园的水系设计理念是以龙形水系体现中华民族的传承。水系设计中包含多元的生态系统。在南、北区分别包含 12.48 万平方米和 2.8 万平方米的生态湿地系统，实现净化水质的作用，而且有利于构筑生物栖息系统。与湿地相对应，在水系设计中包括两套水循环系统：一是通过水闸控制，将水从清河导流渠导入北小河；二是通过闸门控制，将南侧的洪水沿清河导流渠向北排入仰山大沟，最终排入北侧的清河，完成城市局部区域的泄洪。通过这两套水循环系统，整个奥林匹克公园的水系可以实现在旱季为城市补水、在雨季为城市泄洪的作用。

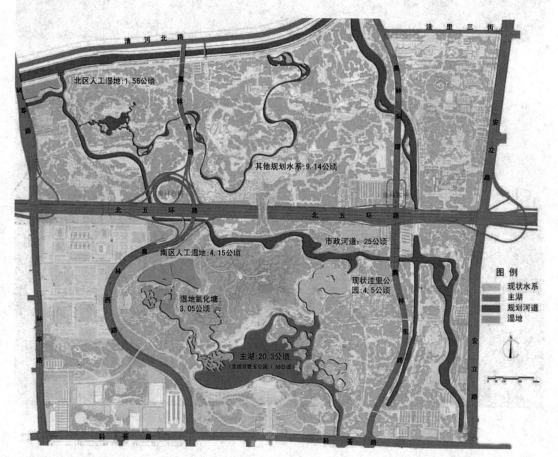

北京奥林匹克公园龙形水系（图片来源：网络）

从海绵城市到多维海绵　**系统解决城市水问题**

水是万物之灵、生命之华。传统意义上的城市水系包括含河、湖、库、海，是影响和制约城市形态形成和演变的重要因素，是城市空间的重要组成部分，也是评价城市环境舒适性的重要指标。不管是国外如河网密布的水城威尼斯，还是国内如江南水乡苏州，城市形态都因其城市的水网特色孕育而生，多种多样的水景观丰富了城市风貌，随着季节变换，视点、视角和视场的不同，景象也会不同。

河流是城市重要的廊道，廊中有水，水廊相融，一道通，百业兴，共繁荣。河流穿越区域、城市、社区，形成不同尺度的生态过渡区、绿化带、生物栖息地和视觉通廊。例如深圳大沙河，发源于深圳市西部羊台山，向南流经大学城、深圳高新园、科技园、后海金融总部，最终汇入深圳湾，不仅是城市的生态长廊，更是串联起深圳市众多高科技产业带的创新长廊。

深圳大沙河生态长廊

在城市中，与自然的水系对应的，还存在另一套人工的"水系"，即给水系统和排水系统，与自然水系共同组成城市水系统，维持城市的健康水循环。

第二章 取供用排，水随城而转

第一节 何为城市水系统

传统意义上的城市水系是城市中大大小小的河流、湖泊、水库等水体彼此连接组成树枝状或网状的系统。长期以来，地表水和地下水分属水文学和水文地质学两个不同学科，而城市给水排水又与水利工程分隔开来。直到现代系统科学的诞生，人们受系统思想的影响，对水的研究才逐渐走向综合、交叉与融合。于是，关于"水系统"的概念便应运而生。

一、城市水系统

城市水系统是水与社会经济以及各个环境要素之间相互作用而形成的复杂系统，是自然水循环和社会水循环的耦合系统，包括城市自然水系统和城市人工水系统两个子系统。

城市自然水系统是城市属地的水体所构成的水网络系统，是由流域内大小不同、主次不一的河水、湖泊、湿地、沼泽构成的相互连通的水流系统。自然水系统包含水体本身及其滨水区域，以水作为物质运输和能量传递的通道，同时也是城市景观的重要组成部分，在城市中承担着改善城市生态环境、调节城市小气候、提供水资源与水能量供应、创造动植物生境等多种生态服务功能。

城市人工水系统由城市的水源、供水、用水和排水四大要素组成，集城市供水的取水、净化和输送，城市排水的收集、处理和综合利用，以及城区防洪排涝为一体，是各种供水排水设施的总称。

由于城市建设对自然水系统的影响越来越大，例如为了供水将山塘扩建为水库，或是建设人工湿地进行水质处理，这些水体同时具有自然和人工两方面，使得两个系统具有一定的重叠性。[3-4]

城市水系统是以水循环为基础、水通量为介质、水设施为载体、水安全为目标、水管理为手段的综合系统，是城市大系统的重要组成部分，涉及城市水资源开发、利用、保护和管理的全过程。从不同的角度看，城市水系统具有不同的内涵和表现形式：从系统的组成看，城市水系统是自然水循环和社会水循环的耦合系统，由水源、供水、用水、排水等子系统组成；从系统的内涵看，城市水系统涉及水资源、水环境、水生态、水景观、水文化等各方面；从系统的循环看，城市水系统中各循环之间存在复杂的通量变化，水量耗散、水质代谢和能量交换贯穿于整个循环过程。[5-6]

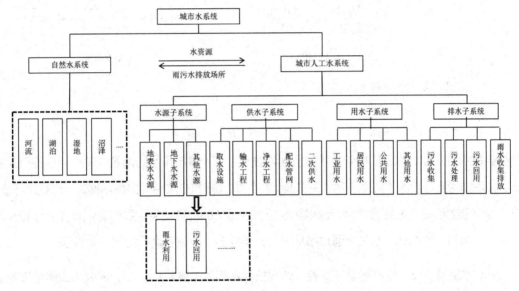

城市水系统的组成

二、城市水循环

城市是一个以人为主体的经济、社会、自然复合的生态系统。城市水系统既是城市大系统的组成部分，又是区域水资源系统的一个子系统。城市水循环分为自然、人工、经济和社会水循环四类。城市水循环系统示意图见下图。[7]

作为城市水循环的组成部分，经济水循环是指通过产业结构调整及一系列经济杠杆，以规

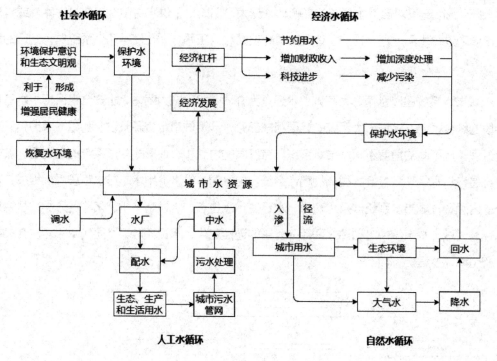

城市水循环系统示意图

范社会取水量、促进水污染控制技术的发展和进步。减少城市用水的浪费、节约相应的财政支出、收取排污费等手段均可用于污水的处理。以经济杠杆的方法增强自然水循环、恢复水环境，以产业调整的手段增加城市的水资源以达到经济水循环的良性发展，最终促进整体社会和经济的可持续发展。[8] 由此，水资源通过循环进入人类社会，具备了商品的经济属性。

城市水源是城市水系统的基础要素，如果把供水视为一种特殊商品，那么水源便是该商品的原料。城市供水在水源和用水要素之间架起一座"桥梁"，将水源转变被商品为消费者所使用。城市排水是城市水系统中最敏感的要素，具有两面性，良性的排水（经净化处理后排放）可增加水源的补给量，不良的排水（未经净化处理直接排放）则污染水源水质，进而减少水源的可用水量。[9]

城市水循环是区域和全球水循环的一个组成部分，它受到区域或全球气候变化及水循环活动的影响。由于城市水循环具有自然和社会双循环的特征，从自然循环来看，天然状态下的水循环系统在一定时期、一定区域内是动态平衡的；而当天然水体被城市开发利用进入社会循环时，便组成了一个"从水源取清水"到"向水源排污水"的城市水循环系统，于是原来的平衡被打破，这个系统每循环一次，水量便可能消耗20%~30%，水质也会随之恶化，甚至变为污水，若将污水排入环境，又会进一步污染水源，从而陷入水量越用越少、水质越用越差的恶性循环之中。[10] 如何建立城市水系统的良性循环是摆在人类面前的一道永恒课题。

从城市水循环的各个环节来看，城市供水是城市水系统的开发或生产要素，城市用水是城市水系统的需求或消费要素，供给与消费是一对矛盾，既对立又统一，供需平衡是健康水循环的核心要素。

第二节　城市水平衡：从消费侧到供给侧

长期以来，世界上大多数国家的城市水资源是直线式利用，在取用排的过程中缺少循环和二次利用方面的设计。城市工业的发展、人口的增长导致需水量急剧增加，同时仅有有限工业部门和生活小区安装节水设施、应用循环用水工艺，特别是低收入地区对水资源保护投入资金很少，这给淡水资源带来了巨大的冲击和挑战。[11]

一、城市水平衡历程

1965 年，国际水文十年协调委员会组建了世界水量平衡工作组。联合国教科文组织前任首席水专家麦克菲森用框图表现了城市水系统组成单元，它是较早出现的城市水量平衡模型。[12]

随着模拟软件的出现，扩大了水量平衡模型的应用范围，提高了分析计算效率。比如，IQQM（Integrated Water Quantity and Quality Simulation Model）用于水资源评价以及规划管理，模拟尺度较精细；水循环系统实现了对城市供水、系统雨水和排水的集成表达。在国内，水量平衡模型广泛用于城市中不同部门和流域水系统研究。1987 年城乡建设环境保护部发布了《工业企业水量平衡测试方法》（CJ20—87）。《工业企业水平衡测试、计算、分析》探讨了企业在生产过程中的水平衡测试、计算和分析来实施节水方法。[13]

在传统的城市水资源管理中，一般采用"以需定供"的水资源配置模式。这种模式强调经济社会对水资源的需求，一方面忽略了水资源承载力在特定时间、空间范围内的有效性，另一方面忽略了"需水"预测结果的不确定性。

实践证明，受认识偏差、方法学不完善、部门利益等因素的影响，我国需水量预测的结果整体是偏大的。以 1994 年发布的《中国 21 世纪议程》为例，按照当时的预测，20 世纪末我国城市的年缺水量将超过 200 亿立方米，2000 年全国总需水量为 6000 亿立方米，2010 年全国总需水量达 7200 亿立方米。实际上，2000 年全国总用水量 5531 亿立方米，2010 年全国总用水量为 6022 亿立方米。从另一角度讲，2000 年需水量的预测值整整延后了 10 年。

我国城市水资源战略主要分为四个阶段：[14]

第一阶段，以需定供，单纯开源（1949—1957 年）。政府鼓励各地以满足城市用水需求为导向，就地就近"开源"，打井或修筑水库，建设城市供水设施。

第二阶段，开源为主，提倡节水（1958—1978 年）。通过提倡节水来减少水量，以缓减因开源和设施能力不足造成的季节性供水短缺尤其是水压不足问题。

第三阶段，开源与节流并重（1979—1999 年）。1995 年开展的"城市缺水问题研究"表明，由水源不足、设施不足和水质污染导致的城市缺水问题中，三者大约各占 1/3，因此要重视污染治理，实施"开源、节流与治污并重"战略。

第四阶段，节流优先、治污为本、多渠道开源（2000 年以后）。世纪之交，污染形势严峻，治污紧迫，"节流优先、治污为本、多渠道开源"成为新世纪城市水资源开发利用的新战略，我国城市水平衡研究渐趋完善。

二、城市水平衡意义

所谓城市水平衡，就是城市水循环中，供需平衡的工程。城市水平衡图可以为城市规划人员和城市水务管理人员提供城市水系统现状概图，明确城市水系统供、用、耗、排各个系统单元水量，帮助规划管理人员从整体上把握城市水系统组成部分之间的关系，从而更加科学地指导工程投资和工程项目。城市水平衡旨在加强城市水管理的科学性，有效避免先建设后评判的滞后性，减少系统改造工程量以及可能给水系统带来的影响。

城市水平衡研究可以在环境上降低资源负荷减少污水的直接排放；在经济上降低管网运营成本、节约水费，为制定水价提供依据；在社会功能方面为编制用水定额提供依据，减少城市上下游之间关于水资源取用问题的纠纷，提高用水安全性和用水保证率。

利用水量平衡原理量化城市水系统的单元水量，通过模型和软件实现快速计算，可以为科研人员提供了解城市现状的基础工具，辅助计算城市范围内的单元水量。在量化城市水系统单元水量的基础上还能进行二次开发，例如开发以水为载体的物质流分析，如氮、磷、悬浮物等；与水相关的能量流分析，如泵站、水厂、运输等的耗能和节能潜力；水系统资产管理，包括水系统投资、建造、运营、维护、更新与改造等；雨洪风险分析，即采用雨洪预测量判断雨洪事件是否会发生，以及事件可能发生的程度；可进行水系统安全评价，如环境影响评价、经济评价和社会文化评价等。

不只是水资源，在城市水循环的各个环节中，当供给侧和需求侧产生矛盾时，就会引发城市水问题，例如超过管渠排放标准的降雨会引起内涝，超过水环境容量的污染物排放是"黑臭"的成因。而城市治水就是在解决水循环路径中的不平衡问题。

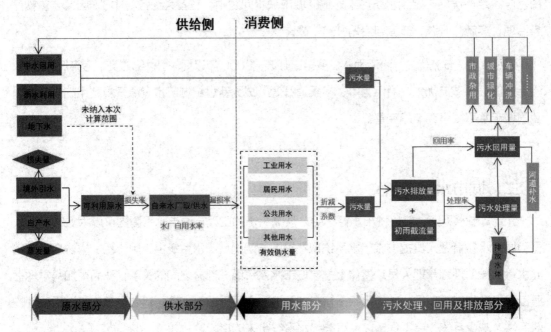

城市水平衡示意图

从海绵城市到多维海绵　**系统解决城市水问题**

第三章 系统治水，解决水问题

第一节 简话城市治水发展史

纵观我国治水历程，从古老水利到传统水利，再到现代水利与城市水务，实质上反映了"人"与"自然"的关系"依附、顺应、改造、征服、和谐"的变化。

一、古老水利

夏朝建立前后的一两百年间，是华夏洪水泛滥时期，我国古代各地广泛流传的女娲补天神话、水神崇拜、祭天求雨等反映了古代先民对自然的依附，当时治水主要靠"堵"，收效甚微。

秦汉以来，封建经济的发展带来技术的进步，人类开始改造自然、控制江河，是治水历史中最为重要的一个阶段。其中，建于秦代的都江堰，以及建于宋代的以福寿沟为代表的江西赣州城市排水系统所反映的整体、系统、因势利导的治水理念尤其值得当代城市借鉴，而"水淹泗州城"的沉痛教训则对我们有所警示。

二、传统水利与市政给水排水

19 世纪以来的工业革命引发了水利科学技术的巨大变革，经济发展、人民生活需求也对水资源的治理与利用提出了更高要求，这一时期人们通过水库、渠道、大型堤防等水利工程，

江西赣州福寿沟

更大程度地控制了大江大河的洪水，大面积的城市防洪排涝开始建设，但也出现了违背自然规律、带来严重灾难的现象，此外城市发展过程对生态的破坏也加剧了水患。

　　近代城市规划与市政给水排水起源于 19 世纪欧洲的公共卫生运动。为了解决大城市中几百年来的黑死病、伤寒病等疾患肆虐的危机，城市规划由卫生部主管，通过预先规划来解决城市的下水道修建、垃圾堆放、城市布局和公园绿化问题。英国于 1875 年制定了世界第一部《公共卫生法》（*Public Health Act*），其目的是通过城市规划进行卫生防疫，其宗旨是人民的健康是最高的法则（The Health of the People is the Highest Law）。[15]

工业革命的兴起引发了城市人口的大量聚集，恶劣的生活环境、严重污染的空气和水、城市居民的高死亡率引发了改善工人住宅、健全服务设施的呼声。英国于 1890 年颁布了《工人阶级住宅法》（The Housing of the Working Class Act），提出了旧住宅改造中给水排水、道路、房屋日照、室内日照等标准及要求，成为城市规划的雏形。[16] 在工业化快速发展、蓄水量迅速增加的背景下，给水、排水管道的大规模建设，除了出于资源和交通因素，仿佛也为水找到了出路，从而让人们相信，不仅生活便利产业发达，城市从生存环境上也再度赶超了乡村，移民大量涌入新兴的工业城市，开启了前所未有的城市化进程。

三、现代水利与城市水务

近些年来，"看海"和"黑臭"成了城市居民最为关注的城市水问题。我国诸多大中城市频繁发生严重的城市内涝灾害，2000 年以来，平均每年发生 200 多起不同程度的城市内涝灾害，不仅严重影响了城市的正常生活秩序，也造成了严重的生命财产损失，引起了社会各界的广泛关注。近年来，武汉、广州、杭州、北京等城市频繁遭遇强暴雨袭击，引发严重内涝，可说是"逢雨必涝，遇涝则瘫"。2011 年，"到武汉看海"成了流行词；2012 年，北京"7·21"大雨让 79 位市民失去生命。河流"黑臭"不仅刺激人的感官，使人感到不愉快和厌恶，其水体散发出的气体成分如硫化氢、氨等也可直接危害人体的健康；有机质在分解过程中消耗水中溶解的大量氧气致使水域呈缺氧状态，影响水体中鱼类及其他水生生物的正常发育和生长；同时河水的黑臭破坏了城市的美好形象。

人们逐渐认识到"高山低头，江河改道"带来的负面效应，开始利用现代科学技术，主动协调人与水的关系，以期达到利用自然、修复自然、维护自然的目的，力求实现"人与自然和谐"。城市治水进入现代水利与城市水务的时代。

四、新的挑战

保护地球家园、维系自然生态、坚持可持续发展，已经成为当前国际社会的共识。中共中央已经把生态文明、美丽中国建设作为国家发展的大政方针，提倡尊重自然、顺应自然、保护自然的生态文明理念，不断加大生态系统保护力度，颁布了水生态系统保护与修复方针政策，要求正确处理开发与保护的关系。

在国家治水政策的指导下，通过建国几十年来的治水工作，严重影响人居生产生活的水资源短缺、洪涝灾害已经明显缓解；最近十余年来，针对黑臭河道开展了大量治理工作，水环境向好趋势转变明显。在接下来的数年，我国将在习近平总书记"节水优先、空间均衡、系统治理、两手发力"治水方针的指导下，强力推进"水十条"和"水生态文明建设"，黑臭水体治理等突出水问题将得到全面解决。在以上水问题得到解决以后，未来发展热点将转向提供更多的优质水生态产品，以满足人民日益增长的生态环境需求，例如以供水提质为代表的水资源利用、以变化环境条件下水安全为代表的防洪减灾、以面源污染削减为代表的水污染控制、以服务功能提升为代表的水生态系统修复、以传承和发扬为代表的水文化建设、以智慧为代表的水信息建设等多专业集成创新，达到可持续的人水和谐新高度。

1. 水资源利用

以供定需供水策略指导下，传统水资源重点在于开源和节流工作；随着我国供给侧改革的开展，水资源走向以需定供模式。在城市供水水量得到保障的基础上，未来的供水将趋向于**优水优用**、**分质供水**和**饮水提质**，在水量上将实现更加充分的保障、在水质上实现更加优质的供给。如整合纳米气泡、纳米检测、纳米管材、臭氧活性炭等在内的水处理技术、高效膜技术，以及其所形成的低成本直饮水技术服务。同时，传统水资源利用比较重视生产和生活用水，未来将在生态系统需水方面实现突破，水系统的生态需水将列入水保障计划中。

2. 水安全保障

在基本的防洪排涝体系建立之后，城市防灾能力将大幅度提升。如针对高频率降雨事件，可由小排水系统应对；而低频率降雨事件，则可由大排水系统应对。但在面对超标洪水，或气候突变影响下的极端降雨事件，目前各大、小城市仍缺少足够的准备，这也是一个全球共同关注的问题，需要在未来的工程体系、非工程措施中予以考虑。水文循环是联系地球系统地圈生物圈与大气圈的纽带，是认识地球系统自然科学规律的重要方面。国际地圈生物圈计划（IGBP）代表国际地球学科发展前沿，其中除了碳循环外，21世纪核心的科学问题就是水循环和食物纤维问题。[17] 通过水文循环，特别是城市水文站网的完善、水文循环规律的深入研究，充分利用**地下调蓄空间**、**多维海绵体建设**和工程调度体系等工程体系，以及天地一体化监测预警体系、洪水风险图编制和风险管理等防洪非工程措施，它们均是未来应对气候突变不利影响的潜在措施。

3. 水环境治理

在黑臭水体治理完成以后，城市水体的点源污染将得到较好的控制，城市污水厂提标至准Ⅳ类水（除总氮和氨氮外，其他指标均可以达到Ⅳ类水标准）也在部分城市实现或推进。根据国外先进的治水经验，在此阶段面源污染的影响将会凸显出来。城市化区域初期雨水冲刷所形成的径流中包含大量的污染物，其水体的污染浓度接近城市生活污水。面源污染负荷高、治理难度大，已成为城市水环境综合治理中亟待解决的主要问题之一。因此，面源污染产生的机理、影响因素、源汇控制技术将会日益得到重视，特别是对于面源污染消减具有较好效果的**低影响开发（LID）**或**海绵体建设技术**将会持续成为未来的研究热点。

4. 水生态修复

当前，以水环境治理为基础的**治河技术1.0**相对成熟，解决当前的黑臭问题可期。未来实现人水和谐的目标，需要开展以水生态系统修复为主的**治河技术2.0**，以提升城市河道的生态服务功能。河流生态修复将成为未来的研究热点，且其研究重点将由**形态修复**到**服务功能**、**生态过程**和**水动力学**的综合修复，从单一针对某个河流水质的小尺度修复到河流生态系统、流域乃至整个区域的大尺度修复，从简单的工程修复到河流整体修复战略的过程，同时多学科思想相融合指导下的综合型修复将是未来发展的主要方向。未来应制定包含河流历史及现状调查、修复目标制定、修复技术应用、修复措施计划和实施、修复影响评价和监测四部分完整修复过程的技术规范，以指导河流生态修复实践。同时应建立一套关于后评价具体时间的标准，为修复工作的跟踪评价提供便利，并开展基于地貌学、环境学、生态学和水文学等多学科融合应用的河流生态修复研究，以丰富和完善河流生态修复研究与实践。

5. 水文化建设

水文化是水之魂，是"智者乐水"的文化源泉。由于城市的文化氛围较浓、层次较高，所以城市水文化多以水工程建设的精致和人文景观的和谐为特色。城市水工程的建设、城市水环境的修复和城市水景观的塑造三个系统之间，相互交叉、互为经纬，共同构成了一个新视角下的城市水文化内涵建设的框架。促进本土水文化的传承和发扬，在水文化发展总体框架的指导下，通过策划水文化博物馆、强化水文化宣传、新媒体等多种形式传输治水理念，形成治水文化，营造全民参与建设水生态文明的氛围。国内相关城市已经着手布局水文化研究，如北京市充分发挥其水文化历史积淀，提出未来从复原城市水文化标志、疏通文化水脉、打造城市水文化景观入手，实现对北京水文化的传承和发扬；深圳市水务局已经提前布局，将**水文化作为治水3.0时代的核心内容**。当前，随着河长制的构建和推进，以及市民环保热情的增加，水文化建设将成为未来研究热点。

深圳梅林水库水情教育基地

6. 水信息系统

信息化的浪潮席卷全球，充分利用信息科技才是水务发展的未来。当前我国城市水务建设存在着条块分割、粗放经营等问题，基于水信息基础上的智慧水务是解决这些问题的有效途径，应将**智慧水务**作为智慧城市建设的重要环节，充分运用物联网、移动互联网、水务大数据、云计算和人工智能等新一代信息技术，以及建筑信息模型技术（BIM）、虚拟现实技术（VR）、无人机技术、北斗定位等技术的跨界创新，构建一体化、智能化的智慧水务系统，实现水务业务的政务管理、业务经营、民生服务的集成管理和精细化管理，推动智慧城市"管理精细化、生活宜居化"。

尽管城市水系统面状覆盖整座城市，但是很多水问题都集中反映在线性的河流中，防洪不达标、水污染严重、河流生态破坏及河道与城市整体景观不协调等问题已经成为制约城市社会经济健康发展的主要因素。因此以河道综合治理为核心的水环境建设构成了城市治水的重要组成部分。

第二节 深圳市河流治理的探索与实践

改革开放 40 年来，深圳市经历了从小渔村到国际化大都市的翻天覆地的变化，深圳市经济增长速度快，工业化、大城市化程度高，但增长的可持续性正在减弱，其发展面临着"四个难以为继"的考验。

一方面，深圳市已经属于严重缺水城市，是我国七大缺水城市之一，很大一部分水资源需要从区域外引水。另一方面，深圳市的水环境还受到了不同程度的污染，严重的水污染状况不仅降低了水体的使用功能，加剧了水资源短缺的矛盾，且与党的十八大提出的包括生态文明建设在内的"五位一体"新建设理念不匹配。

近 10 年，深圳市依托河流综合治理提升流域水环境，探索出一套系统的、可推广、可复制的综合整治集成技术，可为我国其他城市的水环境修复与保护提供借鉴。

一、深圳水情概况

深圳市地处北回归线以南，属亚热带海洋性气候，雨量充沛，降雨时间、空间分布不均，年平均降雨量 1830 毫米，年最大降雨量 2548.6 毫米，年最小降雨量 877.1 毫米。水资源总量 20.5 亿立方米，人均水资源量约 150 立方米。

全市分为珠江三角洲水系、东江中下游水系和粤东沿海水系三大水系，有茅洲河流域、龙岗河流域、观澜河流域、深圳河流域、坪山河流域、珠江口水系、深圳湾水系、大鹏湾水系、大亚湾水系 9 个水系片区。集雨面积大于 1 平方千米的河流共计 310 条，其中流域面积大于 100 平方千米的有 6 条，即深圳河、茅洲河、观澜河、龙岗河、坪山河和石岩河。这些河流的冲洪积河谷平原及台地区是深圳市人口及建筑设施的密集区，因此以河道为中心的水环境建设构成了深圳城市基础设施建设的重要组成部分。

二、河流水环境现状

作为改革开放的前沿城市，深圳市是我国经济发展最快的地区之一，人均 GDP、外贸出口总额等多年来一直稳居全国前列。但随着经济持续高速发展、城市化进程的加快，环境问题也逐渐凸显，尤其是水环境污染问题日益突出。

城市河流大多数都融入了城市的发展，也见证了城市历史的变迁，随着城市的发展变化不同程度地受到了影响和破坏。目前，深圳市未经整治的河道存在的主要问题是：水污染比较严重、河流生态破坏比较严重以及河道与城市整体景观不协调。这些问题已经成为制约深圳市社会经济健康发展的主要因素。

三、治理历程及工程实践

深圳的发展从建市之初的追求速度、高度，向质量、环境、生态转变，充分体现科学发展观和可持续发展的方针，然而我们还是未能统筹兼顾，在经济高速发展的同时付出了一定的代价，城市河道生态系统被严重干扰和破坏就是其中之一。

自 21 世纪初以来深圳市就对河流水环境恶化带来的问题给予了重视，并开始着力于河道的治理。深圳市的河流治理历程大致可分为以下几个阶段：防洪整治阶段—污染治理阶段—综合治理阶段。其中防洪整治阶段以防止洪涝灾害为主；污染治理阶段主要是以防洪排涝为主、水质改善为关键的河道整治；综合治理阶段是指全市河流按照防洪治涝、截污治污、生态修复的思路进行河道重塑。

经过多年的水环境综合治理，深圳市河道的水环境得到了很大程度的提升，但河流生态修复的研究与实践仍多偏重于河流受污染水体的修复，注重水质的改善，而河流生态系统结构、功能的修复仍有待加强。

河流治理的原则：治河以人水和谐为准则，对流域范围的涉水工程进行系统规划，防洪、治污、生态统筹兼顾，达到恢复河道生态、重现河道活力的目的。在这一原则指导下，深圳市分别对福田河、新洲河、深圳水库排洪河、观澜河、龙岗河、茅洲河及后海河等进行了治理，为深圳市其他河流的治理积累了经验。

深圳市河道在治理之前存在以下几大问题。①防洪不达标：防洪标准低，片区受涝时有发生；②水体水质差：污水直接入河，水体黑臭，部分指标超标严重；③生态景观差：河道多为硬质化岸坡，岸线僵硬，岸墙隔离了城市与河道；④生态环境差：水体自净能力弱，水环境容量低，生物多样性缺失。

在河道治理的过程中，深圳市针对每条河流存在的问题及不同特点进行了探索实践，在制定治理方案的过程中统筹兼顾、突出重点，力争达到最好的治理成效，在解决城市防洪减灾的基础上，实现居民亲近河道的愿望，确保河流自然形态的恢复，达到河流治理与城市更新的相互协调等。

通过综合治理，深圳市河道的防洪标准基本达到甚至超过了标准要求，河道水质得到了很大程度的改善，河道中动植物物种的多样性增加，白鹭、麻雀、蜻蜓、青蛙和鱼等动物重新活跃于河间，景观更加丰富多样，水环境也与周边融为了一体，真正实现了人水和谐，以及湖清、河畅、水净、面洁、景美。目前，河道水元素已经成为片区的亮点，很多河道如福田河等吸引了众多游客，成为市民休闲游览的必选之地。

深圳福田河综合治理前　　　　　　　　　　　　　　　深圳福田河综合整治后

四、对水环境问题的思考

1. 经济增长与环境承载能力失衡

河流水环境不断恶化和久治不愈的根本原因有：水环境条件先天不足，环境承载力太小；发展布局和产业结构不甚合理，格局型和结构型污染突出，污染负荷不断增长；入河污染负荷远远超过环境承载能力。

2. 面源污染严重，城市管理水平有待提高

深圳市人口基数大、建成区面积较大、工业区较多，同时由于环卫设施不足，布局不合理，垃圾转运车、垃圾桶、果皮箱等不够，环卫作业方式落后，机械化不高，没有道路垃圾清扫车，再加上沿河部分居民、生产建设单位水法意识、环保意识、清洁意识不强，生活垃圾、工业废

渣、建筑垃圾等入河现象屡禁不止，面源污染严重。

3. 污水收集系统不够完善，河道治理效果不稳定

深圳市原二线关内各区的雨污分流较为完善，但二线关各区管网错接乱排现象较多，雨污混流严重，污水排入河道的现象时有发生，进而引起河道水质的恶化。

4. 河道空间受限，综合治理工程措施难以实施

深圳市最初的产业类型主要是以劳动密集型产业为主，这势必引起城市发展过程中用地规划与建设控制的缺失，河道两旁密布住宅、厂区，河道空间被挤占的问题突出，已严重影响行洪安全和河道环境，河道综合治理工程措施也难以实施。

5. 污水处理标准与河道水质目标要求还有差距

深圳市的河流属于雨源性河道，降雨是河流水量的唯一来源，降雨量的多少直接影响到河道流量的增减。目前，深圳市河道中的旱季径流多为污水厂的处理尾水及旱季漏排污水。由相关标准比较可知，经标准处理排放的污水厂尾水仍不能满足景观水体的要求，因此急需对周边的水环境进行深入调查分析，继而进行有效的提标改造。

6. 资金投入稍有欠缺，全流域治理无法统一推进

由于区域工程的规划及资金投入的安排，深圳市的河道治理首先是针对干流进行综合治理，支流治理的进度较慢，但支流污染严重是导致干流的水质不满足要求的重要因素之一。只有推进支流水系综合治理，才能确保全流域水环境的彻底改善。

7. 信息公开平台缺失，公众参与度不足

水环境管理一直被认为是政府的职责，公众参与度不足。管理缺乏足够的公开和透明度，市民等不能了解水管理的有关信息和程序，不能够参与水管理过程。市民参与保护河流的自觉性不高，导致河流的功能属性无法尽早达到良性循环。

五、系统解决策略

1. 贯彻"控源"策略，实现源头治污

以生态经济和循环经济的理念为指导，促进经济增长方式由粗放型向集约型转变，由外延

扩张型向内涵发展型转变，实现产业的协调发展和全面升级，减轻产业发展对资源的依赖和对环境的损害。

按照雨污分流的排水体制进行排水管网的完善，在全市范围内开展正本清源行动，使雨水、污水从源头上进行正确排放，逐步实现污水的 100% 收集，杜绝产生雨污混流、雨污合流现象，切实避免污水污染河流现象再现。

2. 加强部门及流域联动，保障治理成效

水环境治理需要水务、规划、城市管理、环境保护、国土管理等政府职能部门的通力合作，充分发挥各部门的优势，才能保证各项工程措施落实到位，确保治理达到预期目的。

观澜河、茅洲河、坪山河等多条河流属于界河，河道水环境的治理需要河道流经城市的密切配合，国外的莱茵河、多瑙河、田纳西河等河道的治理也已经有了成功案例，我们可以在借鉴国外经验的基础上，结合河流的现状情况制定行之有效的方案。

3. 推动水环境治理产业化，增强群众治污意识

"污染容易治理难"，英国的泰晤士河前后进行了 150 余年的治理，耗资巨大，治理费用为 300 亿～380 亿英镑，可见在实施水环境治理的时候，需要有强大的经济实力进行支撑。水环境治理实行产业化就非常有必要了。同时要让群众积极参与到治理过程中，增强水环境保护意识，树立水资源忧患意识，提高人们惜水保水的认识，共建生态型社会。

六、河道生态型重塑的启示

（1）改变观念：深入贯彻落实党的十八大关于生态文明建设的精神指导，通过水生态文明建设，改变以经济建设为核心，向环境保护和经济开发并重转变，实现"五位一体"的发展目标。

（2）引导规划：生态型城市河流建设必须与城市总体规划相协调，与人文景观相结合，做到以人为本，切实达到改善人居环境的功效。通过水生态文明建设，改变以城市规划为主导，向水务、城规相互影响转变，促进流域水系综合规划、城市排水和防洪设施综合规划与城市规划的高效融合。

（3）促进转型：通过城市河流等水生态文明建设，推动传统的发展模式向资源节约型、

环境友好型转变。

（4）示范带动：通过水环境综合治理，推动水生态文明建设，促进水资源保护、优化配置、饮水安全、中水利用、污染控制、节水减排、防洪达标、排水安全、生态健康、环境优美、管理高效等目标的实现，带动珠江三角洲乃至全国的水生态文明建设，继续发挥深圳的先行示范作用。

伴随由"深圳速度"向"深圳质量"的跨越，我们清醒地认识到城市河流水环境治理的重要性、长期性、复杂性、艰巨性和全局性，在对河道生态文明建设的过程中，从河道的实际出发，边借鉴、边探索、边实践、边完善，将工程措施与管理措施相结合，统一部署，综合协调，实现河道生态系统的恢复和改善。同时，基于治水经验积累与发展创新，形成了**"系统解决城市水问题"**的治水体系，提出了**"从海绵城市到多维海绵""从漫滩推填到离岛模式""从河湖水利到生态河湖""从单一功能到绿色共享"**等新时代新水务理念。

第二篇
跨界思维：绿水融城新突破

"滨水地区是一个城市非常珍贵的资源，也是对城市发展富有挑战性的一个机会，它是人们逃离拥挤的、压力锅式的城市生活的机会，也是人们在城市生活中呼吸清新空气的疆界的机会。"

——查尔斯·摩尔

在经历了以人类征服自然为主要特征的工业文明之后，城市规模急速扩张，城市生活节奏明显加快，条块分割的功能分区使得城市空间也变得支离破碎。无论是利用自然、修复自然、维护自然的生态文明建设要求，还是缝合城市空间、连接人与自然的需求，都在迫切地呼唤河湖水系等滨水空间的活化与重生。人们对于城市河流的需求不再满足于解决防洪减灾，而是提出了亲近河流的愿望，期盼恢复河流的自然形态，并达到河流治理与城市更新的相互协调。

连接人与自然、城市空间的深圳水库排洪河

第四章　多维海绵，构建水系统

第一节　从海绵城市到多维海绵

　　立足于缓解城市内涝、削减城市径流污染负荷、节约水资源、保护和改善城市生态环境，在"2012低碳城市与区域发展科技论坛"中，"海绵城市"概念首次被提出。2013年12月12日，习近平总书记在中央城镇化工作会议的讲话中强调："提升城市排水系统时要优先考虑把有限的雨水留下来，优先考虑更多地利用自然力量排水，建设自然存积、自然渗透、自然净化的海绵城市。"自此，"小雨不积水、大雨不内涝、水体不黑臭、热岛有缓解"成了人们对于海绵城市建设的殷切期盼。

一、海绵城市无用吗？

　　2015年4月，在由财政部、住建部、水利部联合开展的第一批海绵城市建设试点评审中，根据竞争性评审得分，济南、武汉、厦门、鹤壁等排名在前的16座城市最终胜出，进入2015年海绵城市建设试点范围，先行获得国家财政亿元支持，探路海绵城市建设。这16个试点城市具有很强的地域代表性，中部、东部、西部、南部、北部都有，同时包括了不同的城市规模，有直辖市、计划单列市、省会城市、地级市、县级市，基本覆盖了我国所有类型的城市，其代表性也是为了突出海绵城市建设因地制宜的基本准则。同时，大部分试点城市都要进行旧城改造，所以海绵城市建设要求结合棚改、危改、旧城改造进行。

2016 年 4 月，在经过严格的竞争性评审之后，第二批海绵城市建设试点城市名单公布，北京、上海、福州、深圳等 14 座具有不同的水文、地质条件的城市入围，至此，全国已有 30 座城市开展海绵城市建设国家试点。

同年，有报刊媒体统计发现：全国 30 个海绵城市试点中，有 19 个城市出现内涝。国家先后公布两批中央财政支持海绵城市建设试点，重点是要解决城市建设中的水环境、水生态和内涝问题。但是，目前效果并不能尽如人意，继而引发了一场关于"海绵无用"的讨论。有人说，改造看到了，但是成效却没看到，这难道不是无用功吗？有人说，动辄百亿元的投资，付出与收获的比例实在不对等。也有人说，同样是改造，怎么有的地方成功了，有的地方失败了，难道成功只是个例？

"海绵城市"，一个被赋予了美好未来蓝图的城市规划概念，简单来说，就是让城市像一块巨大的海绵一样，实现雨水的"吐纳自如"。这对于城市建设来说可谓是一个艰巨的考验，就如今不少城市总是陷入"大雨淹路""暴雨看海"的困境来说，"海绵化"改造的任务着实不轻松。但是比海绵城市建设更迫切的问题是，人们对于"海绵城市"这个概念仍存有不少的认识误区。需要强调的是，一方面，海绵城市是一个复杂长期的系统工程，并不是一蹴而就的，不是试点开展一年就能够立马见效。另一方面，海绵城市在试点申报过程中，目前重点进行的建设区域仅为 20 平方千米左右，对部分城市而言，这部分区域占比仍较少，仅占主城区 1/5~1/20，不足以从整体上改变城市其他区域的内涝现象。

二、海绵城市万能吗？

那么如果若干年后城市系统建成海绵城市之后是否就能实现"小雨不积水、大雨不内涝、水体不黑臭、热岛有缓解"呢？如果仅仅通过低影响开发的手段，在城市开发建设中，采取屋顶绿化、透水铺装、下凹式绿地、雨水收集利用设施等措施来控制雨水径流，那么寄希望于海绵城市来解决所有城市水问题甚至拥堵、雾霾等一系列"城市病"就是一个过于理想化的愿望。这种关于海绵城市建设功效的"夸大论"显然是不充分、不全面的。

《海绵城市建设技术指南——低影响开发雨水系统构建（试行）》提出：构建低影响开发雨水系统，规划控制目标一般包括径流总量控制、径流峰值控制、径流污染控制、雨水资源化利用等。各地应结合水环境现状、水文地质条件等特点，合理选择其中一项或多项目标作为规划控制目标。鉴于径流污染控制目标、雨水资源化利用目标大多可通过径流总量控制实现，各地低影响开发雨水系统构建可选择径流总量控制作为首要的规划控制目标。低影响开发雨水系统的径流总量控制一般采用年径流总量控制率作为控制目标。[18]

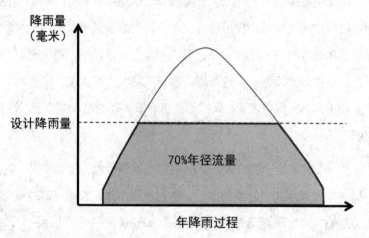

低影响开发的径流总量控制示意图

以深圳为例，年径流总量控制率要求控制 70% 的年径流量，即控制不大于 31.3 毫米的初（小）雨。然而，在一场降雨中，往往是降雨量超过 31.3 毫米时，未被控制的径流量可能引起洪涝。

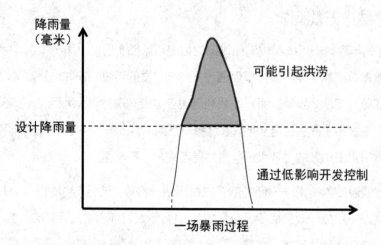

一场暴雨中未被控制的径流可能引起洪涝

三、多维海绵城市的提出

基于海绵城市——低影响开发雨水系统对于解决洪涝问题的局限性，认为有必要统筹低影响开发雨水系统、城市雨水管渠系统及超标雨水径流排放系统，低影响开发雨水系统可以通过对雨水的渗透、储存、调节、转输与截污净化等功能，有效控制径流总量、径流峰值和径流污染。超过低影响开发雨水系统控制能力的雨水，需通过城市雨水管渠系统即传统排水系统和河道快速排放。超标雨水径流排放系统，用来应对超过雨水管渠系统设计标准的雨水径流，一般通过综合选择自然水体、多功能调蓄水体、行泄通道、调蓄池、深层隧道等自然途径或人工设施构建。由此形成包括**表层、浅层**和**深层**的立体排水体系，也就是**多维海绵城市**的概念。

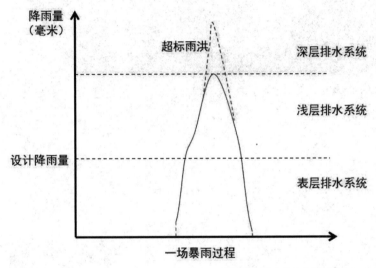

多维海绵城市的立体排水体系

多维海绵城市的建设，就是要重新梳理城市排水系统。保护和修复表层排水即海绵城市（低影响开发雨水系统），尊重土地自然禀赋，利用"蓝绿空间"，恢复地表排水沟渠，构建城市绿色皮肤。疏通浅层排水系统，系统梳理城市的河网水系和市政管网，为建成区构建通江达海的排水通道。面对超标雨洪，以蓝灰结合、更高标准、更高效排水的深层排水系统作为城市水环境安全的补充。

绿色屋顶

支流

管网

湖泊　河流

雨水花园

深隧

调蓄池

多维海绵示意图

第二节　表层：中央商务区道路"海绵化"
的探索实践

城市的土地资源有限，过去城市的建设发展中人类出于生产、生活的需求，不断侵占河流、湖泊等水体的空间。面对城市的高密度现状，如何将生存空间还给水体，海绵城市设施的用地如何保障，将成为海绵城市建设的重点和难点。

位于深圳福田中心区CBD的这条街道，经过海绵化改造，不仅实现了街道雨水资源再利用，还成为深圳"设计之都"运用设计艺术力量介入城市公共空间、提升深圳质量的典范。

深圳福田中心城2号路

一、2号路改造概况

2号路位于福田中心区CBD，西起9号路，东至8号路，被"十三姐妹"商务办公楼群所环绕。早在1998年美国著名建筑规划公司SOM曾对2号路所在街区进行规划设计，规划的总体目标是创造一个生气勃勃的、令人流连忘返的步行街道环境。但是现实的情况是，2号路并不适合步行，且为机动车辆所占据。

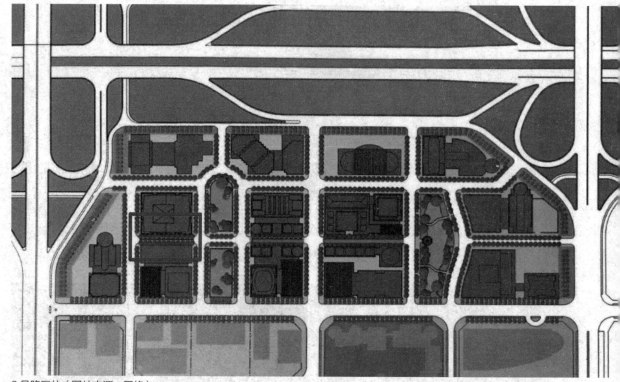

2 号路区位（图片来源：网络）

2014 年，由福田区政府支持，2 号路被恢复为步行街。改造工程希望通过设计与艺术手段激发街道活力、恢复此街区的步行可能、回归原本规划用途，作为示范项目推进深圳的国际化城市建设。

本次设计联合新锐设计师的创意，集合深圳本土各专业设计力量，围绕解决问题、低冲击及趣味性三项原则，通过增加绿廊的连通性，减小路面的径流系数，增设雨水调蓄池，集园林景观、绿化、照明、雨水利用于一体，实现了 2 号路的重生。

二、看得到的改变

1. 恢复 2 号路市政步行街功能

在现状 2 号路中、东两段铺设架空步行平台，由较高一侧的骑楼地面延伸出来，通过可开启的小桥与对面骑楼相连接，解决骑楼与道路高差问题，并扩大行人的活动空间。

步行平台

雨水花园

2. 雨水利用

将 2 号路西段部分小公园绿化用地改造为雨水花园，收集 2 号路及东、西两侧小公园的雨水，集至雨水花园进行处理，达标后作为 2 号路景观用水及喷泉水源。

3. 艺术展示

设置艺术展示点，如"汽车考古坑""看不见的城市"等艺术展示点，位于步行街下方。

三、看不到的工程

为了构建 2 号路的道路雨洪控制系统，从地面和地下两方面进行改造，通过综合性的技术措施实现雨水资源的多重目标和功能，包括雨水的集蓄利用、渗透、雨水净化、排洪减涝、立体绿化等多种子系统的组合。

汽车考古坑

看不见的城市

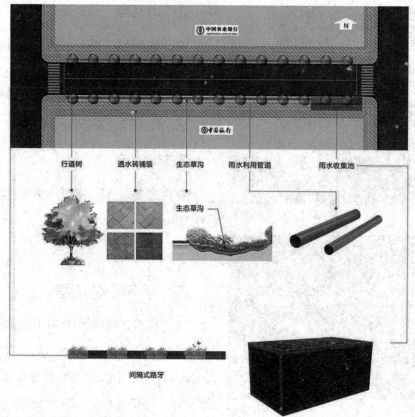

2 号路海绵化改造平面图

1. 降低路面高程，改造原有人行道路牙

原市政路牙为混凝土材质，不透水，为了收集路面的雨水，采用间隔式路牙，间距 0.5 米，由于泥沙等长期淤积在路牙间隙中，还会生长出小草，起到美化和净化路面的作用，从而形成微型生态系统。

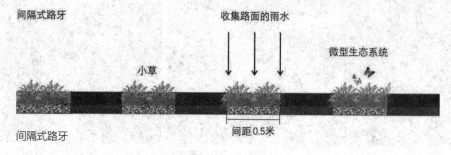

2. 软化 2 号路人行道地下结构

改造成由多种材料构成的透水结构，其材料吸收了水体营养物质，起到净化了水质的作用。

3. 改造原有人行道的排水渠，增设下凹式绿化池

收集汽车道和人行道汇流的雨水，经过绿化池收集后，流入雨水收集池。通过在一些树下设置雨水滞留砾石沟，可将雨水滞留池和树池合二为一，雨水过滤后流入地下，并通过滞留排入市政管道或者经树的蒸发进入大气。蓄存雨水可以给树木提供水分。

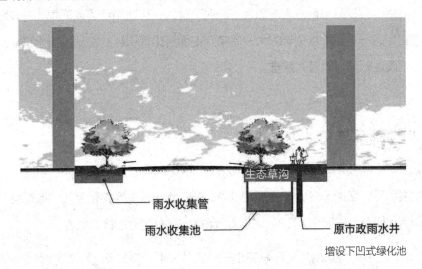

增设下凹式绿化池

4. 增设雨洪利用系统

雨洪利用系统包括检修井、雨水收集池、雨水收集管，可截留 3 年一遇的降雨。绿化池收集的雨水经渗透和汇流进入检修井，检修井内雨水流入雨水收集池，池中雨水收集满后，多余雨水溢流进入原有的市政雨水管网，雨水收集池收集的雨水可以进行资源再利用。

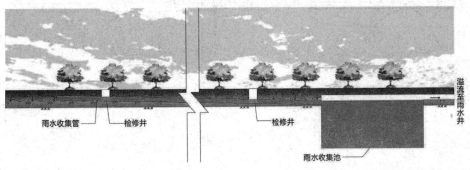

增设雨水收集池系统

2 号路的改造通过对雨水的渗透、储存、调节、转输与截污净化等，在一定程度上实现了控制径流总量、径流峰值和径流污染的综合效益，构成城市的表层海绵。然而对于超过表层海绵控制能力的雨水，还需通过浅层海绵系统即城市雨水管渠、河道进行排放。

第三节 浅层：初（小）雨截流的探索

浅层海绵包括城市的河网水系和市政管网，随着社会经济的发展，城市的浅层海绵基础设施建设日臻完善，但按照雨污分流规划建设的地下管网，存在雨污混流现象，一方面点源污染问题仍然存在，另一方面雨水夹带的大气污染及地面污染等引起的面源污染也日益加剧，是当前城市水体水质达标建设的最大困难。

一、初期雨水与初（小）雨水

初期雨水，顾名思义就是降雨初期的雨水（一般为降雨初期 0.5 ~ 1.0 小时），其污染程度与城市发展水平、区域人口分布、产业布局、排水管网系统完善程度等密切相关。如下方左图，初期雨水一般是针对降雨强度较大的降雨而言，具有明显的初期效应。

初（小）雨是指降雨强度和降雨总量小于一定范围的一场降雨（一般降雨时间间隔不大于 1 小时的视为一场降雨）。[19] 下方右图以深圳平水年为例，降雨强度小于 7 毫米 / 小时的降雨场次占全年场次的 75.9%。在雨污混流地区，点源污染和面源污染混合后通过雨水口直接排入河道，严重影响河流水系水质。

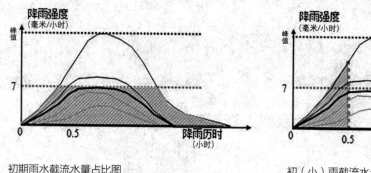

初期雨水截流水量占比图　　　　　　　　　初（小）雨截流水量占比图

现阶段，深圳市已经完成了大部分河道干流的综合治理，从几年前的截流倍数过渡到现在的初（小）雨截流，经过大量的研究和探索逐渐取得成效。近期要解决水环境问题，就必须对片区内漏排污水的 100% 收集及初（小）雨截流统一规划，一并实施。如何确定初（小）雨的截流规模是深圳河流治理截流系统研究的重点。

二、初（小）雨水截流方式

雨水主要通过雨水篦进入城市雨水管渠或合流管渠，雨水直接进入河道。在排水系统存在合流制区域的城市，如何把初（小）雨水截流而不直接排放到水体成为首要的问题。根据雨水的流行路径，通常沿着初（小）雨水受纳水体岸边敷设截流管（渠），采用在雨水口设置污物截流设施及截流井等工程措施的方式对初（小）雨水进行截流。

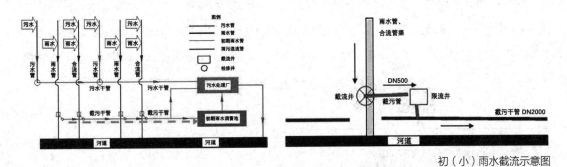

初（小）雨水截流示意图

目前，初（小）雨水的污染负荷高低取决于片区内雨污混流的污水总量、汇水面积、降雨强度以及降雨时间等，初（小）雨水的污染控制应从控制源头污染、完善分流管网、推进截污治污、加强环境管理等多方面开展，采取的措施有设置截污、调蓄处理及生态治理等，其中采用较多的是一级强化处理，削减污染负荷后排放。

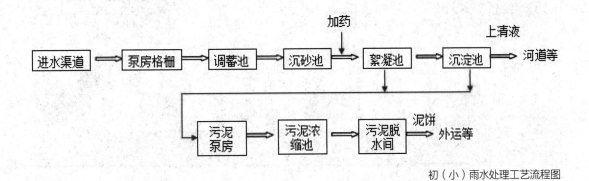

初（小）雨水处理工艺流程图

针对初（小）雨截流水量、水质波动较大的特点，采用一级强化处理的方式处理能力较强、处理效果较好。

三、截流标准的确定——以观澜河截流系统为例

观澜河位于深圳市中部，流域面积为 246.53 平方千米，流域内共有大、小河流 31 条。治理之前，观澜河直排污水量大，自净能力较差，河道水体黑臭现象严重，多项水污染因子严重超标。作为东江饮用水源地，其水质状况引起了政府及人民的广泛关注，正是在这一背景下深圳市启动了观澜河综合整治工程。

观澜河流域污染治理工程包括四座污水处理厂，处理规模为 70 万立方米 / 天；初（小）雨水调蓄池四座，调蓄规模 57.7 万立方米；初（小）雨水处理设施一座，处理规模 40 万立方米 / 天；沿观澜河总长 21.4 千米的污水［初（小）雨］收集系统；补水泵站一座，补水规模 13 万立方米 / 天，从龙华污水处理厂补水至观澜河上游油松河河口。

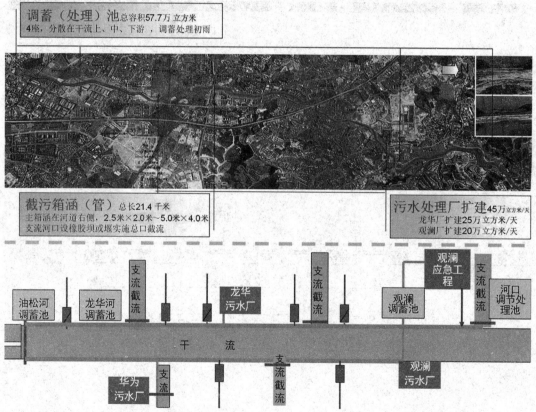

观澜河截流系统布局图

截流标准的确定有以下两种方法：

一是截流倍数的截流标准。现行的《室外排水设计规范》（2014年版）针对我国目前实际情况，为了有效控制雨水污染，将截流倍数 n_0 提高为 2~5，根据旱季污水的流量确定雨水的截流量。

截流倍数取该规范建议的 n_0=2，仅能截流 0.44 毫米/小时降雨强度的雨量；n_0=5，仅能截流 1.08 毫米/小时降雨强度的雨量。根据水文资料统计分析，深圳地区强度超出 2 毫米/小时的降雨较为常见。根据某雨量站降雨分析，深圳市全年降雨 135 天，即使按照 n_0=5 的截流标准，240 场降雨中有 115 场无法截流。

二是截流强度的截流标准。对初（小）雨水的截流是基于降雨强度的控制污染入河规律的统计研究。

在确定初（小）雨水截流规模的过程中，分析了观澜河流域平水年降雨量、降雨历时、降雨场次分布统计。全年总降雨场次 240 场（降雨间隔不大于 1 小时视为 1 场）， 其中降雨量不大于 9 毫米/场的小雨 182 场，占大部分（75.8%）；降雨量不大于 7 毫米/场的小雨 169 场，占 70.4%；降雨量不大于 5 毫米/场的小雨 152 场，占 63.3%。

本工程采用 3 种标准对各场雨从降雨历时、降雨量及降雨场次进行分析。方案一：降雨量 9 毫米/场，降雨历时取 1.0 小时，降雨强度低于截流标准的降雨场次共 182 场，则 45 天无法完全截流，河道雨污混流水不溢流的保证天数为 320 天，保证率为 87.6%。方案二：降雨量 7 毫米/场，降雨历时取 1.0 小时，降雨强度低于截流标准的共 169 场，60 天无法完全截流，河道保证天数为 305 天，保证率为 83.6%。方案三：降雨量 5 毫米/场，90 天无法完全截流，河道保证天数为 275 天，保证率为 75.3%。

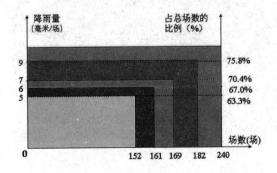 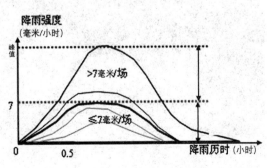

降雨截流率分布图

经分析，7毫米/场的截流标准解决了占全年降雨70.4%的小雨的整场雨截流，对占全年降雨29.6%的中、大雨的初期雨水也能实现截流，且截流深度由9毫米降为7毫米时，其截流保障率仅降低约4%，但后续调蓄设施和处理设施的处理规模可减小35%。

综合考虑水质保障率及处理设施的处理规模，方案三在截流规模、处理规模相对较小的前提下可达到较高的天数保证率，因此该工程选用7毫米/场，降雨历时取1.0小时的标准对初（小）雨水进行截流处理。

四、观澜河治理效果

近几年，观澜河干流的综合污染指数在逐年下降，水体水质逐渐好转。

观澜河治理前

观澜河治理后

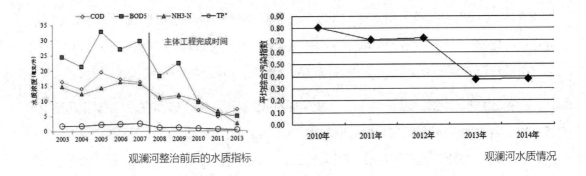

观澜河整治前后的水质指标　　　　　　　　　　　　　　　　　　观澜河水质情况

通过综合治理，观澜河的水体水质得到了很大程度的改善，河道中的动植物物种多样性增加，白鹭、麻雀、蜻蜓、青蛙和鱼等动物重新活跃于河间，景观更丰富多样，水环境也与周边融为一体，真正实现了人水和谐，以及湖清、河畅、水净、面洁、景美的生态景象。

五、基于初（小）雨截流的一体化污水收集系统

从现行规程规范截流倍数向初期雨水截留强度转变，综合考虑水体污染、降雨历时、降雨量和降雨强度等因素，基于降雨—径流—水质模型，以水质、区域经济发展水平、水质达标频率和水文气象情况综合最优为目标，确定合适的初期雨水截流标准，提出一体化解决旱季漏排污水、雨季混流污水、初雨面源污染控制的截污新思路，在此基础上系统提出城市雨污混流区一体化截污工程布局。一体化雨污水收集处理系统包括截污管（渠）、调蓄设施、雨水处理设施和其他配套设施等。

一体化截污技术能解决当前城市雨污混流问题，又能实现未来城市高标准的面源控制体系的对接。一体化雨污水收集系统相比"点截污"系统具有不宜淤堵、淤堵易发现、淤堵后易维护等优点，与污水收集处理系统互不干扰，避免了污水处理厂进水水质浓度不稳定及雨季大量泥沙进厂的问题。

实践证明，一体化污水收集系统对深圳河湾水质有改善作用。目前深圳河水体的 DO 目前可达到 2~3 毫克/升，总体上随着时间的推移呈现逐步好转的趋势；COD_{Cr} 近年可维持在 25 毫克/升左右、BOD_5 浓度维持在 6~7 毫克/升，均比支流治理前有所好转；NH_3-N、TN 和 TP 也呈现逐步好转的趋势。2006—2013 年，深圳湾无机氮和活性磷酸盐浓度呈现先升高后降低的趋势，2010 年无机氮和活性磷酸盐浓度最高。截至 2015 年，深

圳河湾流域完成了沙湾河、布吉河、福田河、新洲河等4条河流的治理工程，以及布吉污水处理厂的建设，入湾污染物明显减少，与深圳湾无机氮和活性磷酸盐浓度在2011年后出现明显降低趋势吻合，表明河流水环境治理对深圳富营养化程度具有一定的改善作用。

如今，水危机已经成为全球的共识，不仅体现为水资源不足，更严重的是水质的污染和恶化，其中初（小）雨水的污染已越来越引起重视。《水污染防治行动计划》（国务院于2015年4月2日发布）中提出"强化城中村、老旧城区和城乡接合部污水截流、收集。现有合流制排水系统应加快实施雨污分流改造，难以改造的，应采取截流、调蓄和治理等措施"。同时，提出"城镇新区建设均实行雨污分流，有条件的地区要推进初期雨水收集、处理和资源化利用"。

通过对河网水系和市政管网的梳理和初（小）雨截流的补充完善建设城市的浅层海绵，能够解决城市大部分时间的水排放问题，而面对全球气候变化下的极端降雨，则需要构建调蓄池、深层隧道等深层海绵作为城市水环境安全的补充。

第四节　深层：高度城市化地区水环境安全的补充

随着城市的快速发展，原有排水系统所承受的压力逐渐增大，早期建设的排水系统已难以满足当前城市的需求，甚至影响城市的安全和正常运行。尤其是一些城市的中心城区和老城区，存在严重的洪涝和合流制溢流（CSO）污染问题。为了解决洪涝及合流制溢流污染等雨洪问题，国内外城市纷纷投入巨资对原有排水系统进行改造完善，但是，受空间条件、拆迁困难、交通影响、施工周期、资金等诸多因素的制约，排水系统全面升级改造的难度巨大，尤其是在老城区或中心城区。

隧道工程可迅速、灵活、高效地缓解城市局部洪涝及合流制溢流污染问题，且用地所受限制小，不占用宝贵的土地资源，避免了城市地面或浅层地下空间各种因素的影响、也不影响市政管道的布置，因此作为一种有效的大规模雨洪控制措施受到极大关注，在一些发达国家城市得到一定程度的应用。由于雨洪控制隧道多建于深层地下，故也称为深层隧道或深隧。

一、深层排水隧道的国内外案例

国外雨水隧道应用案例中具有代表性的主要有美国奥斯汀沃勒河深隧、日本大阪排洪隧道、澳大利亚悉尼存储隧道等。根据现有案例的不完全统计，深层排水隧道的埋深在 15 ~ 107 米范围内。在发达国家，污染控制隧道的应用更为广泛，在已建设和规划建设的隧道中，径流污染控制隧道约占 76.5%。隧道的规模和耗资巨大，每个隧道工程因建设场地、地质条件、施工方法和地下水位等特征的不同其投入的建设费用差异也很大，调查研究结果显示，隧道方案的造价在 0.5 ~ 7.3 亿元 / 千米，平均造价为 2.7 亿元 / 千米。虽然投资费用高昂，但隧道在实现洪涝控制和合流制溢流控制的目标上一般具有显著控制效果。

二、深圳前海合作区的水环境安全问题

前海合作区土地面积为 14.92 平方千米，占大铲湾流域面积的 21%。作为大铲湾流域下

游的重要组成部分，其水环境受流域上游 79% 汇水面积的影响。目前，前海合作区外围有五大水系汇入前海湾，其中南山片区有双界河、桂庙渠、铲湾渠三条水系经过合作区汇入前海湾，宝安片区有西乡河、新圳河两大水系直接汇入前海湾。目前前海湾旱季每天入河污水为 3 万 ~ 5 万立方米、雨季约为 20 万立方米，水质均劣于地表水 V 类，湾区水质劣于海水 IV 类，水质不容乐观。

前海湾区水体交换能力弱，需强化全流域范围内的截污治污，方能整体改善湾内水质。随着大铲岛和沿江高速前海湾段的跨海大桥主体桥墩的建设，前海湾区水体交换时间由 3 天变为 12 天，前海合作区指状水廊道交换时间为 5 ~ 7 天，环状水廊道交换时间更长，需要超过 12 天。水交换动力不足，减弱了湾区水质自净功能。

在雨季，前海水体的水质更不容乐观。前海合作区上游的南山片区存在地势低区及易涝点。已建排涝泵站标准不足，为设计重现期一年一遇的标准，不能满足大暴雨排水能力要求及新的国家标准要求。泵站实际运行也存在问题。部分地区地势低洼，通常比四周市政道路路面低 1 米左右，受下游高水位顶托影响，无法满负荷运行。区内低洼地段，每逢 2 ~ 5 年一遇的雨洪，便不能自排接入市政雨水系统，形成内涝。

三、原防洪排涝与水质保障方案

前海（大铲湾）水环境治理工程实施方案提出通过建设深南大道高水高排涵、关口雨水泵站，以及扩建板桥泵站和重建前海雨污泵站，解决南山片区排涝问题。通过建设宝安片区环状水渠、沿环状水廊道设截污箱涵，解决宝安片区、南山片区雨季污染控制问题。

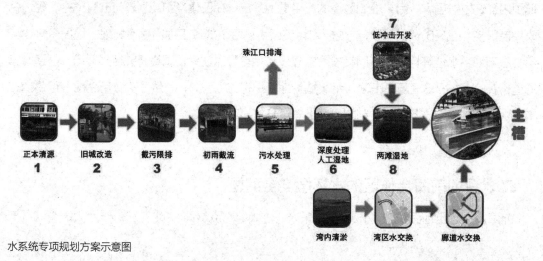

水系统专项规划方案示意图

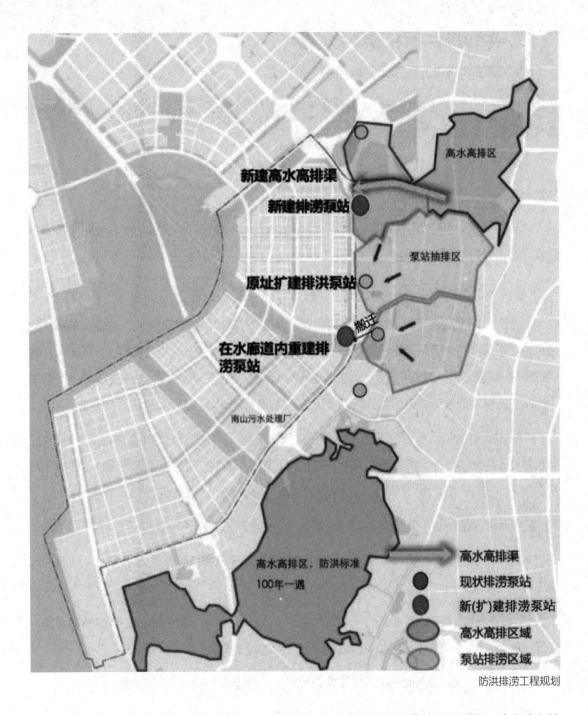

防洪排涝工程规划

治污方案具体内容为：上游旧城区立足污染治理，新建区着眼于源头防控，河、湾水动力控导与污染治理并举；上游片区的点源污染控制主要依靠截污、排污工程达到 95% 的截留效果；结合 3 座雨水排涝泵站设置初雨水调蓄池，截流受污染的雨水，调节送至南山污水厂。

四、实施困扰与优化思路

然而方案在实施中遇到了以下实际问题：

（1）深南大道高水高排涵的建设涉及大量市政管线迁改以及人行天桥拆除，严重影响深南大道交通，实施难度大。

（2）平南铁路、高压燃气管改迁时间未明确，制约环状水廊道（含截污系统）、关口雨水泵站和前海雨污泵站的建设。

（3）月亮湾大道改造方案还未确定，但目前推荐方案是局部下沉的方案，会对原有排水系统造成很大的不利影响。

因此，对方案进行了调整：

把沿环状水廊道设的截污箱涵调整至月亮湾大道东侧，在旱季截排的基础上，先期实施初（小）雨截排，沿月亮湾大道东侧建设初（小）雨调蓄转输隧洞（直径6.0米，长约4.5千米），隧洞在铲湾渠水廊道起端建设初（小）雨提升泵站（规模5万立方米/天），提升初（小）雨至南山污水厂处理。同时兼顾南山片区排涝，最快实现前海片区及湾区水质和南山片区排涝目标。

若泵站建设用地允许，则依据规划建设关口雨水泵站、扩建板桥泵站和重建前海雨污泵站。若泵站建设用地不允许，将深层隧洞末端初（小）雨提升泵站扩建为集中枢纽泵站（即排涝和初小雨），在实现初（小）雨调蓄转输基础上，集中解决南山片区排涝问题。

工程运行调度分为3个工况：

（1）旱季截污工况。旱季漏排污水通过竖井前截污设施截流到市政污水管网，然后进入南山污水厂处理。

（2）初（小）雨截流工况。初（小）雨通过溢流进入竖井，在不需排涝时通过隧道调蓄，降雨过后24小时内通过初（小）雨泵组排入南山污水厂处理。

（3）排涝工况。排涝时雨水通过溢流进入竖井，通过排涝泵组排入铲湾渠。

通过深层海绵的建设为城市水环境安全提供了补充，更需要注重保护和修复表层海绵、梳理和疏通浅层海绵，共同构建起多维海绵城市的水系统。而作为保障城市大部分时间有效排水的通道，在平面上梳理城市的河网水系格局尤为重要。

第五章 离岛模式，梳理水格局

第一节 从漫滩推填到离岛模式

世界上多数大城市都建在大海、湖泊和江河之滨。为了继续生长，城市会不断填埋沼泽和其他自然水滨栖息地。这些实践就现在的环保意识来看是不值得提倡的。然而因为拥有水景和岸边的公共配套设施，被填埋的湿地常常成为一座城市最具价值的不动产，对城市的形象识别和宜居感也能做出积极贡献。对于水滨开发来说，推填用地最容易受到全球变暖和可能随之产生的巨型风暴潮所引发洪水的危害。为了应对这一后果，必须寻找环保的水滨改造开发方式。

一、填海环境问题

土地资源的紧缺以及填海造地相对低廉的成本使得围海造地成为沿海地区缓解用地紧张和发展用地不足矛盾的主要手段。我国围填海每年新增的建设用地占全国每年新增建设用地总面积的 3%～4%，占沿海省份每年新增建设用地总面积的 13%～15%。围填海促进经济发展的同时，也带来了一些生态环境问题，如围填造成的水质恶化问题、围填造成的近海及海岸湿地消退问题、围填造成的近岸自然景观破坏问题等。

近海及海岸湿地消退导致近海生态系统退化。近海及海岸湿地作为深圳水系湿地的一部分，占到深圳湿地（包括近海及海岸湿地、河流湿地和湖泊湿地）总面积的 54.1%。近海及海岸湿地属于海洋高生产力生态系统，例如米埔自然保护区和福田红树林自然保护区，是世界上观赏水鸟的最佳地点之一，共有 300 多种鸟类栖息或过境，其中包括不少世界级稀有濒危种类。

另一方面，传统的填海模式一般紧贴现有陆地向海侧延伸，即漫滩式填海。这种填海模式经过多年的实践，在工程上已经非常成熟，但是随之而生的问题也逐渐显现。漫滩式填海模式下，由于雨水临海排水口向海侧迁移，在原有建成区高程无法改变的条件下，填海区的雨水排水管不得不为了满足排水坡降要求继续向地下挖深。这直接导致在最外海侧雨水排水口过低极易受到海水顶托影响而发生内涝。在城市建设的后期则需要排涝泵站等其他工程措施的协助进行城市排涝工作，这极大地增加了建设和运营的成本。

二、填海方式转变

日本是一个土地资源极其稀缺的国家，在第二次世界大战后经济和人口快速发展的前提下，内陆土地资源紧张的局面日益显现，大城市的土地危机更加显著，向海侧扩展土地成为必然的选择。东京湾地区在借鉴了早期漫滩式填海的教训之后，改变了填海方式，采用了离开岸线的岛式填海模式。

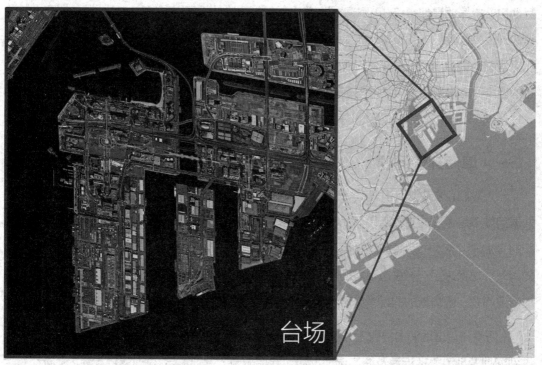

东京湾离岸式填海案例（图片来源：网络）

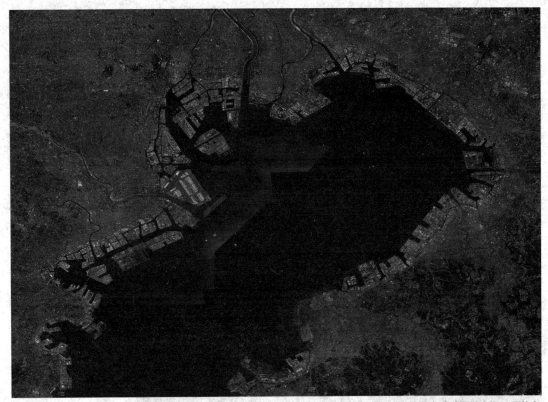

东京湾岛式、突堤式围填海方式（图片来源：网络）

　　为了最大限度地减少围填海造地工程对自然岸线、海域功能和海洋生态环境造成的损害，有效解决岸线和海域资源开发利用过程中存在的简单、粗放等问题，国家海洋局 2008 年印发了《关于改进围填海造地工程平面设计的若干意见》，提出了围填海造地工程需遵循"保护自然岸线、延长人工岸线和提升景观效果的原则"，填海方式建议"由海岸向海延伸式围填海向人工岛式、多突堤式和区块组团式围填海模式转变"。其中区块组团式是指：根据用途需要，必须利用岸线的部分采取突堤式围填海方式可以不利用岸线的部分，采取人工岛式的围填海方式，以实现上述两种围填海方式的优势互补。

　　所以，从环境因素出发，围填海应避免连续型、整体大面积填海，并考虑将过去的"由海岸向海延伸式围填海方式"逐步向"岛式、突堤式、区块组团式"转变。由于人工岛式围填海保留有水道，在一定程度上仍能维持水体交换功能、海洋生态系统功能、美化景观功能以及微气候调节功能等，其对海洋环境的影响相对其他方式更小，应该将其作为首选的填海方式。作为典型代表的国内外人工岛包括日本神户附近海域人工岛、迪拜棕榈群岛、日本关西国际机场和中国香港国际机场等都是采用的离岛式填海方式。

日本关西国际机场（图片来源：网络）

日本神户人工岛（图片来源：网络）

迪拜阿联酋棕榈岛（图片来源：网络）

中国香港国际机场（图片来源：网络）

　　对于滨海地区，离岛式填海不仅代表了填海方式的转变，更是为过去漫滩推填导致的城市内涝提供了新的解决思路。

第二节　首探离岛式填海模式构建排水通道

　　雨水管道受潮位顶托、泥沙淤积等原因排水不畅是滨海地区城市内涝的重要原因。深圳市宝安区由于地势低洼，内涝频发，尽管在 2014 年增设了三个排涝泵站，但之后仍有新的内涝点出现。

一、后海中心河的创举

　　南山区后海滨路以东区域 5.8 平方千米为填海造地，区域内的排水管涵系统不断延长，加之后海海域的不断淤积，部分雨水箱涵的排水出口淤积严重，影响了后海滨路以西旧城区排水系统的正常运行。同时，原先临海的高价值土地由于漫滩式填海模式下海岸线的后移而导致景观改变，影响了该片区居民的幸福感。为了保障排水系统正常运行，应减少海相淤积对排水系统的影响，提高城市防洪与排涝的能力，保障区域内正常生产生活。

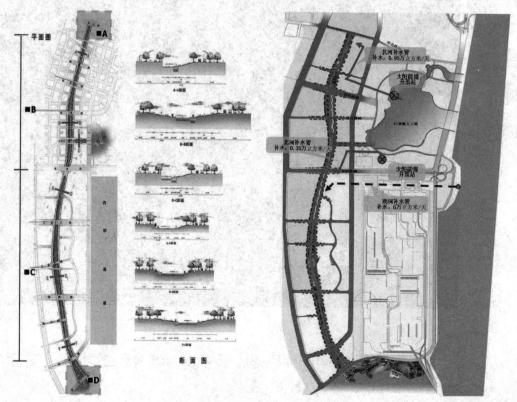

后海中心河工程布局平面图（左）及后海中心河典型断面图（右）

借鉴日本东京湾台场地区的离岛式填海模式，在后海中心路之间，创新性地新开一条河道，以东滨路为界，后海河分为北河与南河两个部分。根据工程总体布局，以东滨路为界分为北河与南河两部分。其中北河河道呈 T 字形分布，上游起点分别为环北路和东滨路，河道总长为 1.68 千米；南河河道呈一字形分布，上游起点为东滨路，河口为深圳湾东角头，河道总长为 2.27 千米。

二、综合效益的提升

在这一创新设计中，后海中心河实现了以下综合效益。

1. 解决现状后海城区排水出路

因后海滨路以东区域 5.8 平方千米的填海造地，影响了后海滨路以西旧城区排水系统的正常运行。该工程的建设是解决后海片区排水（旧城区与填海区域）的关键，同时也是区域内正常生产生活的必要保障措施。原旧城排水系统不再需要跨越整个填海区排向深圳湾，而可以就近快速地排入后海河，大大减小了填海区受海水顶托及城市内涝的威胁，同时与修建排涝泵站相比大大缩减了成本。

2. 完善区域内的城市防洪、排涝与排水工程体系

填海造地工程的实施，使区域内的排水管涵系统不断延长，加之后海海域的不断淤积，部分雨水箱涵的排水出口淤积严重。为了保障排水系统的正常运行，并减少海相淤积对排水系统的影响，要提高城市防洪与排涝的能力。

3. 保障内湾公园内湖水质

城市河流水体水质的保障是必要的。同时位于该工程区域内湾公园的内湖占地面积为 30 万平方米，该湖即是内湾公园的"景观"水体也是 F1 世界摩托艇比赛的场地，其比赛场地对水质要求分为海水与淡水两种，本工程应用海水补水，即内湖的水质要求标准为：赛时达到海水Ⅲ类标准，非赛时不低于海水Ⅳ类标准。

4. 提高后海片区城市环境质量

依据《深圳市南山分区规划》对后海片区的定位，后海片区是集商业、居住、体育赛事、对外交通于一体的重要区域。后海中心路为一条双向六车道的区域交通干线，片区的割裂现象十分严重。而在深圳市水务规划设计院的设计中，后海河保持在中心路设计范围内，夹在双向

车道的中间，由双向六车道改变为以中间水系为过渡的双向四车道，不增加征地困难的同时大大优化了城市景观，吸引市民在此停留并增强了亲水可达性。随着基础设施的完善和高端商铺的陆续入驻，周边的土地价值也因此得到了可观的提升。

后海中心河及周边

后海中心河入海口

从海绵城市到多维海绵 **系统解决城市水问题**

后海中心河两岸车道

后海中心河的成功实践不仅实现了防洪除涝的基本功能，还结合城市道路的优化，改善了片区的人居环境，提升了土地价值，并为后来离岛式填海模式更大范围的应用奠定了基础。

第三节　应用离岛式填海模式助力活力水城

前海深港现代服务业合作区地处大铲湾流域下游，面积 14.92 平方千米，流域内有双界河、桂庙渠、铲湾渠穿越前海合作区汇入大铲湾，西乡河、新圳河直接汇入大铲湾。双界河、桂庙渠、铲湾渠大部分河段位于南山片区，西乡河、新圳河位于宝安片区。规划要求将双界河、桂庙渠、铲湾渠打造成前海合作区主要的水廊道。

一、前海"水问题"

大铲湾流域总面积 69.19 平方千米（其中前海片区 14.92 平方千米，宝安片区 34.20 平方千米，南山片区 20.07 平方千米），前海合作区只占大铲湾流域面积的 21%，其水环境主要受大铲湾流域的 79% 上游面积的影响，前海水环境建设跨越前海合作区、宝安片区和南山片区，涉及水务、环保、规划（海洋）等多个部门。前海"水"的问题，是深圳市涉水问题最集中、关注度最高、挑战性最大的区域，必须置于整个流域中来研究和解决。

随着流域城市化进程的不断加快，以及前海片区填海作业及开发建设，流域水环境及水安全保障遭到严重破坏，河流水环境现状与流域的经济发展水平极不相称，已成为制约当地经济社会发展的一个重要因素。流域水环境现状主要存在以下六个方面问题：

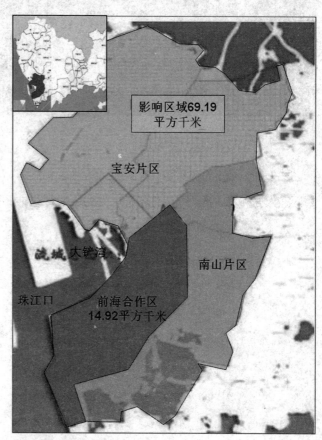

前海湾环状水廊道工程概域图

一是防洪设施建设标准低，多为临时河渠。片区十二号明渠、铲湾路明渠、桂庙路明渠及双界河（前海段）均为临时排洪河渠，设计标准低，不能满足片区规划的防洪标准要求。

二是内涝严重，整治标准低。受传统漫滩式填海模式影响，上游片区地势低洼，排水通道受阻，受涝严重。流域下游属感潮河段，受洪潮频发、片区地势低洼及填海区排水通道延长等因素制约，区域易发生洪涝灾害。彼时流域内排涝泵站（包括板桥雨水泵站和前海雨污水泵站）仅按照一年一遇的标准整治，难以满足排涝最新标准要求。

三是未形成封闭的海潮防御系统，防潮安全隐患大。前海片区海堤以临时海堤为主，环湾未形成封闭的海堤系统，存在防潮安全的隐患。

四是底泥污染严重。河流及湾区内长期排污，底泥污染严重，逐年沉积而形成顽固的污染内源，已成为河道及内湾水体黑臭的主要原因之一。

五是河道及湾区水体污染严重，干支流水质劣于地表水 V 类，湾区水质为海水 IV 类，水体普遍发黑发臭。雨污混流现象普遍存在，错接乱排、潮水倒灌、垃圾淤堵致使大量污水入河。雨源型河流基流少，半封闭的内湾水动力不足，导致流域内污染交换扩散慢并形成集聚效应，加剧河道的黑臭现象。

六是环境监管能力不足。流域污染企业数量多、类型广，环境监管执法能力与污染源日常监管实际需求仍存在较大差距；企业环保意识淡薄、违法成本低廉等问题长期存在，偷排、漏排以及超总量、超标准排放等环境违法行为屡禁不止。

二、系统解决方案

为确保流域防洪防潮及排涝安全，打造前海高标准的水环境，本方案贯彻"离岛式"填海的理念，本着高水高排、低水抽排的原则，从确保水安全的角度，提出如下防洪（潮）排涝工程方案。

通过实施环状水廊道、桂庙渠水廊道、铲湾渠水廊道、双界河（前海段）水廊道、双界河水环境改善工程、前海深港合作区外围及流域上游防洪排涝工程，打通跨越高密度建成区的行泄通道，多个水系互连互通，洪水区域调配，实现南山建成区、大南山山体洪水的安全排放。同时完善配套滨海休闲带、防护海堤、排水深隧和排涝泵站等设施以达到防洪目标。

前海湾环状水廊道平面设计图

前海湾项目在全面推进防洪排涝工程的同时，通过系统规划，一同推进区域内的水质保障工程。经分析，流域水系水质与流域上游雨污分流情况、截污情况、湾区水体交换情况、再生水回用情况及湾区清淤情况等因素密切相关。本方案以规划的水质质量为目标，以水质模型为手段，进行多因素综合分析，确定最优的水质保障方案。

首先利用前述离岛式填海理念下的环状水廊道和排水深隧工程，与河口水闸调度相配合，实现前海湾及水廊道水动力的加强。此外，通过实施南山污水厂提标改造工程，实现南山污水厂尾水的近岸排放，腾出现状排海系统的转输排海能力，为雨季深层排水隧洞收集调蓄的初（小）雨提供外排珠江口的通道。通过实施南山再生水厂二期工程，保障前海片区市政杂用和水廊道双沟补水。

另外，针对南山片区前海合作区外关口渠、郑宝坑渠及桂庙渠河口污水总口截污，以及宝安片区西乡河、新圳河、双界河的沿河截污工程，充分利用现状污水设施及深层排水隧洞，实

前海环状水廊道 1

前海环状水廊道 2

现初（小）雨的处理及深海排放。

　　环状水廊道的实施实现了多个水系互连互通，新城老城分而治之，同时为前海水城提供了富有活力的风情水街与游船环线。如同福田河两岸的"800 米绿化带"，现阶段对前海片区水格局的梳理注重对蓝绿空间的保护，为未来城市建设的景观提升与生态融合预留空间。

双界河施工中 1

双界河施工中 2

铲湾渠施工中 1

铲湾渠施工中 2

第六章 生态河湖，活化水岸线

第一节 从河湖水利到生态河湖

我国城市河流治理历程从以防止洪涝灾害为主的防洪整治阶段发展到以防洪排涝为主、水质改善为关键的污染治理阶段，直到 21 世纪进入按照防洪治涝、截污治污、生态修复的思路进行河道重塑的水环境综合治理阶段。

经过多年的水环境综合治理，深圳河道的水环境得到了很大程度的提升，河流生态修复的研究与实践也从偏重河流受污染水体的修复，注重水质的改善，转变为河流生态系统结构、功能的修复。

一、基于生态安全的氨氮控制目标制定方法研究

2002—2007 年期间，我国颁布了一系列水质标准，包括再生水回用于市政杂用、景观环境、地下水回灌、工业用水和农业灌溉等标准，规定排入湿地和河湖水体时再生水的氨氮排放标准为 5 毫克/升。但是，当时标准的制定没有考虑污染物的毒性、生态风险以及污染物在环境中的迁移转化作用。对于补给河流的再生水，根据物种敏感度分布法（Species Sensitivity Distribution，SSD），提出了保护 95% 水生生物的河水氨氮控制目标，并结合再生水混入河水的稀释比例，提出了再生水的氨氮控制目标。

1. 基于急性毒性的河水可接受游离氨控制目标

游离氨对鱼类及水生无脊椎动物的半致死浓度（96小时）累积概率分布见左下图。本研究共开展了133组试验，试验结果显示，游离氨半致死浓度平均值为1.77毫克/升、中位值为1.45毫克/升。其中，虹鳟幼鱼（*Salmo gairdneri*）对游离氨最为敏感，其半致死浓度为0.081毫克/升（96小时），其次是鲤鱼（*Cyprinus carpio*）、大西洋鲑（*Salmo salar*）和胡子鲶（*Clarias batrachus*）。游离氨对鱼类及水生无脊椎动物的急性毒性值累积频率分布见右下图，游离氨属急性毒性值的平均值和中位值均为1.27毫克/升。

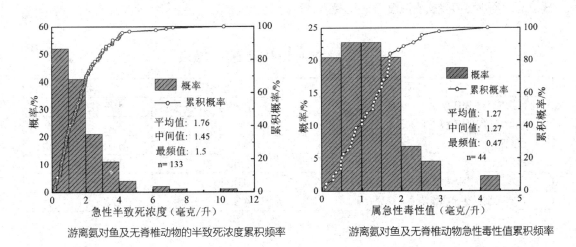

游离氨对鱼及无脊椎动物的半致死浓度累积频率　　游离氨对鱼及无脊椎动物急性毒性值累积频率

下表列出了同时考虑鱼类与水生无脊椎动物情况下游离氨的基准最大浓度（Criterion Maximum Concentration，CMC），急性毒性值最低的为虹鳟幼鱼，其次是鲤鱼、大西洋鲑和胡子鲶，最终急性毒性值（Final Acute Value，FAV）为0.19毫克/升，游离氨的基准最大浓度为0.093毫克/升。

考虑鱼类与水生无脊椎动物情况下的基准最大浓度表

指标	数值（毫克/升）
虹鳟幼鱼（*Salmo gairdneri*）	0.081
鲤鱼（*Cyprinus carpio*）	0.1
大西洋鲑（*Salmo salar*）	0.28
胡子鲶（*Clarias batrachus*）	0.28
最终属急性毒性值（Final Acute Value，FAV）	0.19
基准最大浓度（Criterion Maximum Concentration，CMC）	0.093

2. 基于急性毒性的河水可接受氨氮控制目标

水温和 pH 值是影响氨氮与游离氨比例的重要因素。根据我国《城镇污水处理厂污水排放标准》，污水的氨氮控制目标分为水温小于等于 12 摄氏度和水温大于 12 摄氏度两种情况，选取典型温度为 12 摄氏度和 25 摄氏度、典型 pH 值为 8 进行估算，为保护 95% 的水生生物，基于急性毒性的河水可接受氨氮浓度如下表所示。当水温为 12 摄氏度和 25 摄氏度时，可接受氨氮浓度分别为 4.37 毫克 / 升和 1.73 毫克 / 升。因此，当水温小于等于 12 摄氏度、95% 鱼类及水生无脊椎动物得到保护时，河水可接受氨氮浓度为 4.37 毫克 / 升；当水温大于 12 摄氏度时，河水可接受氨氮浓度为 1.73 毫克 / 升。

基于急性毒性的河水可接受氨氮浓度表

分项	春冬季	夏秋季
水温范围（摄氏度）	小于等于 12	大于 12
典型场景水温（摄氏度）	12	25
pH 值	8.0	8.0
pKa 值	9.66	9.25
河水可接受游离氨质量浓度（毫克 / 升）	0.0926	0.0926
河水可接受氨氮质量浓度（毫克 / 升）	4.37	1.73

3. 再生水氨氮控制目标

当水温 $T > 12$ 摄氏度时，为保护河流下游 95% 的鱼类及水生无脊椎动物所需的再生水氨氮控制目标见下页左图。当上游来水满足地表水环境质量标准Ⅳ类水体要求，且再生水占混合后河水的比例为 20%~100% 时，再生水氨氮控制目标为 1.7~2.6 毫克 / 升。当上游来水满足地表水环境质量标准 V 类水体要求，且再生水占混合后河水比例为 20%~100% 时，再生水氨氮控制目标为 0.6~1.7 毫克 / 升。在此工况下的河道污染治理，建议通过控制上游来水氨氮为主，降低再生水氨氮为辅。当上游来水恰好满足 CMC 要求时，再生水氨氮控制目标为 1.7 毫克 / 升。在北京、深圳等城市，存在一部分河道的河水大部分（有时全部）来自再生水补水，在这种工况下，建议水温 $T > 12$ 摄氏度时再生水的氨氮控制目标为 1.7 毫克 / 升。

当水温 $T \leq 12$ 摄氏度时，为保护河流下游 95% 的鱼类及水生无脊椎动物所需的再生水氨氮控制目标见下页右图。当上游来水满足地表水环境质量标准Ⅳ类水体要求，且再生水占混合后河水的比例为 50%~100% 时，再生水氨氮控制目标为 4.4~7.2 毫克 / 升。当上游来水满足地表水环境质量标准 V 类水体要求，且再生水占混合后河水的比例为 50~100% 时，再生水氨氮控制目标为 4.4~6.7 毫克 / 升；当再生水补水比例低于 50% 时，计算得到的再生水氨氮控制目标过高，不易实现。当河流上游来水恰好满足 CMC 要求时，再生水氨氮控制目标为 4.4 毫克 / 升。对于河流全部由再生水补水的工况，建议水温 $T \leqslant 12$ 摄氏度时再生水的氨氮控制目标为 4.4 毫克 / 升。

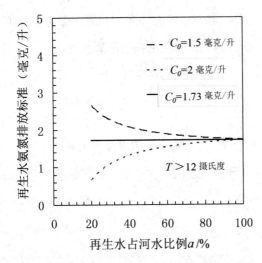

保障河水中氨氮满足基准连续浓度时所需的再生水氨氮控制目标（$T > 12$ 摄氏度）

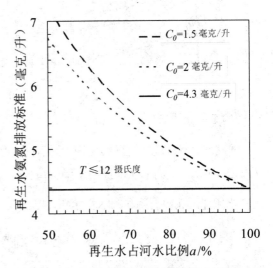

保障河水中氯氨满足基准连续浓度时所需水的再生水氨氮控制目标（$T \leqslant 12$ 摄氏度）

二、基于感官特性的浊度控制目标制定研究

根据地表水环境质量标准（GB 3838-2002），一般景观水体的透明度要求大于 0.5 米。以透明度 0.5 米作为阈值，相应浊度为 1.8NTU、色度为 30 度。因此，基于感官特性，对于补充景观水体的再生水，建议将浊度 1.8NTU 和色度 30 度作为控制目标。

三、基于生态风险的内分泌干扰物控制目标制定方法研究

国际上一般以预测无影响浓度（PNEC）值作为生态风险阈值。当水体中的内分泌干扰物浓度高于该阈值，鱼类可能发生雌性化现象。因此，以生态风险为 1 作为控制目标阈值，考虑污染物在水体中的衰减，计算不同比例条件下再生水的内分泌干扰物控制目标，见下图。在河水全部由再生水补水的工况下，乙炔基雌二醇（EE2）的控制目标浓度为 0.1 纳克 / 升。

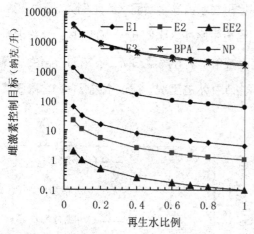

再生水内分泌干扰物控制目标

四、再生水用于深圳河景观补水时水质控制标准

一般景观水体的主要水质指标是透明度、色度、臭味等感官指标，而影响这些感官指标的 pH 值、SS、BOD_5、溶解氧、氨氮、TN、TP 等指标需要控制，作为水体卫生指标的粪大肠菌群，以及新型污染物雌炔醇（EE2）和双酚 A 等也应考虑在内，以控制生态风险。

根据地表水环境质量标准（GB 3838-2002）和城市污水再生利用景观环境用水水质标准（GB/T 18921-2002），参考美国、日本等国家关于再生水的水质标准，针对深圳河湾提出再生水用作河流景观用水的水质标准，见下表。

再生水用于深圳河湾补水水质标准表

序号	项目	单位	标准值	备注
1	透明度	米	≥ 0.5	—
2	色度	倍	≤ 25	—
3	嗅味	级	≤ 5	—
4	浊度	NTU	≤ 2	对应于透明度
5	DO	毫克/升	≥ 2	对应于嗅味
6	BOD_5	毫克/升	≤ 4	对应于 DO
7	$NH_3\text{-}N$	毫克/升	≤ 0.5	对应于 DO
8	TN	毫克/升	≤ 10	对应于透明度
9	TP	毫克/升	≤ 0.5	对应于透明度
10	粪大肠菌群	个/升	不得检出	—
11	雌炔醇（EE2）	纳克/升	≤ 0.1	—
12	双酚 A	纳克/升	≤ 10	—
13	pH 值	—	6 ～ 9	—

五、深圳河湾水功能指标体系

深圳河湾的河流水质改善分为三个阶段，第一阶段目标是消除黑臭，第二阶段目标是达标水体，第三阶段目标是健康水体。相应的功能指标也可以分成三个层面，包括黑臭水体指标体系、达标水体指标体系和健康水体指标体系。

1. 黑臭水体指标体系

对于黑臭水体，深圳河湾采用国家相关标准进行评判，指标体系包括透明度、溶解氧（DO）、氧化还原电位（ORP）和氨氮（NH_3-N），分类标准见下表。

黑臭水体指标及阈值表

序号	特征指标（单位）	轻度黑臭	重度黑臭
1	透明度（厘米）	25 ~ 10	<10
2	溶解氧（毫克／升）	0.2 ~ 2.0	<0.2
3	氧化还原电位（毫伏）	−200 ~ 50	<−200
4	氨氮（毫克／升）	8.0 ~ 15	>15

注：水深不足 25 厘米时，该指标按水深的 40% 取值。

2. 达标水体指标体系

深圳河湾是深圳相对发达的区域，目前主要河道的黑臭已经消除，现阶段的主要任务是水质达标。对于城市水体来说，需要达到景观娱乐水体的标准，根据国家标准的分类方法，近期的目标是达到 C 类标准，具体指标和数值见下表。

达标水体指标及阈值表

序号	指标	A 类	B 类	C 类
1	色（色度）	颜色无异常变化		不超过 25 倍
2	嗅	不得含有任何异嗅		无明显异嗅
3	漂浮物（毫克／升）	不得含有漂浮的浮膜、油斑和聚集的其他物质		
4	透明度（米）	大于 1.2 米		0.5 米
5	水温（摄氏度）	不高近十年当月平均水温 2 摄氏度		不高近十年当月平均水温 4 摄氏度
6	pH 值	6.5~8.5		
7	DO（毫克／升）	≥ 5	4	3
8	高锰酸盐指数（毫克／升）	≤ 6	6	10
9	生化需氧量（毫克／升）	≤ 4	4	8
10	氨氮（毫克／升）	≤ 0.5	0.5	0.5
11	非离子氨（毫克／升）	≤ 0.02	0.02	0.2
12	亚硝酸盐氮（毫克／升）	≤ 0.15	0.15	1.0

序号	指标	A类	B类	C类
13	总铁（毫克/升）	≤ 0.3	0.5	1.0
14	总铜（毫克/升）	≤ 0.01	0.01	0.1
15	总锌（毫克/升）	≤ 0.1	0.1	1.0
16	总镍（毫克/升）	≤ 0.05	0.05	0.1
17	总磷（毫克/升）	≤ 0.02	0.02	0.05
18	挥发酚（毫克/升）	≤ 0.005	0.01	0.1
19	阴离子表明活性剂（毫克/升）	≤ 0.2	0.2	0.3
20	总大肠菌群（个/升）	≤ 10000		
21	粪大肠菌群（个/升）	≤ 2000		

3. 水环境健康指标体系

统筹水体的景观效果、化学安全、毒理学安全、生态安全以及健康安全等层面，参照深圳河湾现行的补水水质标准，提出深圳河湾水环境生态健康指标体系，见下表。

深圳河湾水环境生态健康指标体系表

序号	项目	单位	标准值	备注
1	透明度	米	≥ 0.5	表征水体景观
2	色度	倍	≤ 25	—
3	嗅味	级	≤ 5	—
4	TN	毫克/升	≤ 10	—
5	TP	毫克/升	≤ 0.5	—
7	DO	毫克/升	≥ 4	对应水生动物的安全性
8	BOD_5	毫克/升	≤ 4	—
9	NH_3-N	毫克/升	≤ 0.5	—
10	粪大肠菌群	个/升	不得检出	对应微生物安全性
11	雌炔醇 (EE2)	纳克/升	≤ 0.1	对应水生生物健康性
12	双酚 A	纳克/升	≤ 10	—
13	pH 值	—	6 ~ 9	对应于水体化学安全性

基于从河湖水利到生态河湖的转变，深圳市在河流综合治理的过程中，针对每条河流存在的问题及不同特点进行了探索实践，在制定治理方案的过程中统筹兼顾、突出重点，在水资源、水安全、水环境、水生态和水文化等方面力争达到最好的治理成效。

第二节 生态河流治理技术的集成与选择 〰️

在全球气候变暖、环境问题日益严峻的大背景下，低碳经济已经成为世界各国突破资源情形瓶颈制约、实现可持续发展的共同追求，也是我国践行绿色发展理念、调整经济结构、转变发展方式的坚定选择。

一、项目背景

2012年5月3日，中欧城镇化伙伴关系高层会议在比利时布鲁塞尔举行，时任国务院副总理的李克强出席开幕式并发表题为"开启中欧城镇化伙伴关系新进程"的主旨演讲；时任深圳市市长的许勤应邀发言，提出了深圳与欧盟各方务实推进可持续城镇化伙伴关系发展的建议，重点提出深圳与荷兰合作规划建设深圳国际低碳城，打造中欧可持续城镇化合作旗舰项目。

深圳国际低碳城项目地处深圳市龙岗区坪地街道，位于深圳、东莞、惠州三市交界地区，当时发展水平相对较低，碳排放强度相对较大，已建成区占全区域建设用地的60%以上。作为中欧可持续城镇化合作旗舰项目，深圳国际低碳城将努力打造国家低碳发展的综合试验区，致力于通过产城融合的城市规划、碳指标约束下的城市管理和利益共享的低碳绿色开发实现落后区域跨越式发展，探索和示范可复制、可推广的新型城镇化低碳发展之路。2012年8月21日，深圳国际低碳城启动区项目启动仪式在龙岗区坪地街道高桥工业园举行，标志着作为中欧可持续城镇化合作旗舰项目的深圳国际低碳城开发建设正式拉开序幕。

正是因为低碳，让坪地这个后发"小镇"迎来了崛起的机遇。过去5年，由于低碳城的落户，坪地这个曾经以低端加工业为主的"牛皮镇"（因生产牛皮纸而得名）改变了发展轨迹。2012年前，坪地单位面积GDP仅为全市平均水平的1/5，但能耗和碳排放强度约是全市平均水平的2倍。因国际低碳城所带来的吸引力，众多高新技术产业落户于此，坪地街道从2011年工业总产值为115亿元跃升为2016年的274亿元，地区生产总值大幅提高，同时单位能耗大幅下降。

深圳国际低碳城囊括坪地街道全域，总规划面积约53平方千米，其中以核心区域约1平方千米为启动区，高桥园区及周边共5平方千米范围为拓展区，实行由启动区到拓展区并逐步到全域的渐进式发展。

推动低碳绿色发展，深圳国际低碳城是一块试验田，也是一个突破点。其价值不仅在于引入战略性新兴产业，还在于通过转变经济发展方式，为传统产业低碳化寻找升级途径，打造未来深圳绿色低碳经济的新增长点，继而成为汇集新技术和高新人才的新经济增长极，从而直接作用和影响深圳的国际国内辐射力和经济发展动力。

二、治理挑战

作为低碳城建设的重要一环，丁山河生态环境治理将河道生态改造工程与公共空间建设相结合，加强对生态廊道的保护与利用，为片区提供充满活力的滨水公共空间。

丁山河与深圳国际低碳城

然而当时，流经低碳城的丁山河存在诸多水问题：

（1）交界断面水质不达标，导致本次整治范围内河道水又黑又臭。

由于南坑东径桥旁河道（深惠交界断面上游约 800 米）总口截流橡胶坝处仍有大量未处理的河道污水。

（2）现状河底淤积严重。

（3）局部段河道无堤防和巡河路，杂草丛生。

（4）现状龙腾桥上游两岸护坡采用浆砌石硬化，和该段二级平台的原生态绿化形成鲜明对比，影响河道美观。

（5）河道的硬质护坡及周边栏杆与河道自然景观不相称，龙腾路桥以南右岸的栏杆阻断了人们与河道之间的联系。

三、综合治理

工程总体思路主要围绕一个理念、两个思想、三个"化"工程：

一个理念：低碳理念，与低碳场馆设计理念相结合；

两个思想：生态思想、人性化思想；

三个"化"工程：水质净"化"、边坡软"化"、河道生态"化"。

针对丁山河整治段现状存在问题，按照"上游收集处理、本段截流转移、蓄洪处理利用"的总体原则，对上游来水采用境内外沿河截流的设计方案，"清污分流，沿河截污，深度处理，河道补水"；对于本段污水，充分利用河道右岸现状污水管道，将现状漏排污水截流至该沿河污水管道，完善现状排污系统；对本段流域采用低冲击开发理念，将河道局部段雨水及低碳城场馆内的雨水通过管道或草沟的形式收集起来，进行简单调蓄处理后，作为景观补水。

丁山河治理后

水质处理站

人工湿地出水

四、低碳技术

丁山河水环境综合整治工程实现了上海世博园区水生态修复以及雨水收集利用等技术集成；采用水生生物修复、人工湿地技术、生态护岸、护坡垂直绿化、低洼生态沟、太阳能水生态修复系统技术、太阳能灯、透水铺装路面等技术措施，体现了低碳生态的治河理念。

本项目中，采用生态滞留洼地（生态草沟）、种植沟渠、生态净化群落、太阳能节能灯、太阳能综合性水处理设备，以及木、竹、钢结构材料的构筑物来反映绿色生态的低碳思想，呼应能源、材料及营建方式上简易、循环再利用的低碳行为；旨在打造景观湖（滞洪区），营造具有野趣的景观坐凳、打通沿河步行系统、建造一定面积的运动健身场地，体现功能集约的低碳理念，倡导积极的低碳生活。

位于国际低碳场馆南面的景观湖通过涵洞设堰与河道保持联系，湖体水源由上游人工湿地及部分雨水补给，湖体旱季是景观湖，汛期为河道滞洪区，体现了河湖分离的治水理念。堰上方通过木质拱桥将沿河步道连接，木拱桥同时也作为景观桥配饰在湖边。河湖之间的水体落差通过置石跌水转化为景观。

　　同时，景观湖是为低碳城会议展示中心服务的，湖岸以缓坡微地形过渡到沿河步道，低碳论坛会议期间，人们可以在舒缓的草坡上感受疏朗的河岸空间，享受湖边的日光浴。湖边设置了供人活动的景观木栈道，种植了丰富的水生植物以起到很好的景观美化与雨污净化效果。湖体与低碳会议展示中心的水源热泵系统的交互应用，以及湖岸的湿地花园与湖体中的太阳能综合性水处理设备的引入，体现了低碳理念的运用。

丁山河滞洪景观湖

　　丁山河生态环境治理将河道生态改造工程与公共空间建设进行结合，通过功能植入，为片区提供充满活力的滨水公共空间。生态治理的 28 项技术策略，在深圳及全国的其他河道治理中也得到更大范围的应用，如"河湖分离"的设计理念就应用在了深圳福田河、安徽马鞍山慈湖河、深圳华侨城欢乐海岸水系等河湖综合治理中。

第三节　基于生命共同体的生态河流形态重塑

在高楼林立、车水马龙、寸土寸金的深圳，城市建设主动"留白"，人与自然和谐发展的美丽景象处处可见。福田河如同一条波光粼粼的碧水丝带，将福田中心城区的笔架山、中心公园等美丽景致连成一片，构成一幅"水在城中，楼在水中，人在景中"的和谐画卷。

很难想象，10 年前，福田河还是一条远近闻名的"臭水河"，作为深圳中心城区重要的排洪河道，防洪标准不足 20 年一遇，河流水质黑臭，河道生态系统遭到严重破坏，河岸为茂密的荔枝林，让人难以亲近。

一、800 米绿化带的保护

故事要从 800 米绿化带说起。依据深圳城市规划，特区是由七个组团沿东西向干道串联而成，组团之间规划有城市绿化隔离带（简称"绿带"），绿带的作用是多方面的，但主要的功能是城市绿色生态系统中不可缺少的组成部分。对于中心公园而言，理想的规划组成范围应是北连笔架山公园和银湖片区山系，南至皇岗口岸附近的深圳河水体，形成南北绿带和有氧空气

深圳福田河鸟瞰图

福田河中心公园段

从海绵城市到多维海绵　**系统解决城市水问题**

流通道。所以中心公园的定位是城市绿色生态网络系统中不可缺少的组成部分，同时在其中附设市民健身休闲设施。目前将其定位为"福田区中心区大型绿廊、城市公园"是恰当的。

然而，中心公园在 1999 年建设时"一蹴而就"的指导思想带来不少遗憾。一是原有的地貌和植被改变较大，新建的总体效果太园林化，与目前大型居住区内的绿化景观相似，缺少野趣和生态学技术。这也是目前国内建设公园时的通病：对公园的功能认识偏离，将其等同于街头绿地和社区绿地类建设。二是作为平面型大型公园设计中如何提供开敞、安全的吸引人的空间环境，以免造成公园既无安全的空间，又无吸引人的景观环境。这应该与荔枝公园、南京玄武湖、昆明翠湖公园类比后加以借鉴。三是公园可达性极差，客观上公园周边被拓宽改造后的华富路、深南大道、笋岗路、红荔路等城市干道分隔成几个独立的"孤岛"，行人难以亲近。同时园内道路设置与周边道路衔接不畅，缺少停车设施。加上围合封闭式管理，视线被遮挡，使得整个公园缺少人气。

从 2009 年 8 月起，深圳市政府充分利用 800 米宽绿化带预留空间，以筹办大运会为契机，针对福田河总体滞后城市发展，存在防洪标准不足 10 年一遇、河流污染严重、水质黑臭、景观差、鱼虾灭绝、生态较差等问题，科学统筹治涝、治污、水质改善、景观提升、绿道建设五大任务，高标准规划建设福田河综合整治工程，对解决当地洪涝灾害、改善投资环境、加快沿岸地区开发建设、丰富和改善区域人文景观和生态环境起到积极的推动作用，具有显著的经济、社会和环境效益。

二、福田河的综合治理

福田河整治长度 3.9 千米，支流 1.1 千米，主要包括河道防洪及驳岸生态改造、截排污水、再生水利用、水质净化改善、景观绿化及绿道建设等部分，工程总造价约 3.58 亿元。

以"生态水务、效益水务、民生水务"为建设目标，以"生态治河、综合整治、流域治理"为治河思路，采用"防洪排涝、污染治理、生态修复和景观建设"多位一体的理念实施河道综合治理，充分利用原 800 米宽绿化带，按照能弯则弯、能宽则宽的治河原则，结合河流"防洪上蓄下泄""污染截、治、补""生态廊道、绿道畅通"，形成宽阔滞洪兼景观水面，打造安全、生态的河流和公园融合景观，提升公园人气，提高水环境质量。

福田河治理前

福田河治理后

从海绵城市到多维海绵 **系统解决城市水问题**

开创了河道整治新目标、新理念、新思路。河道由单一的防洪排涝功能发展成防洪、排涝、生态、景观、污染防治等多种功能并举；以 MIKE11 水动力模型、水质数学模型等为指导，将垂直流人工湿地、臭氧灭藻、自然循环处理等新工艺和先进技术应用于河道防洪、污染防治等治理，实现运行稳定、安全、可靠，经济合理。

人工湿地出水

沿河铺设初（小）雨收集系统。解决流域内污水"跑、冒、滴、漏"问题，每天收集污水 2 万～3 万立方米，实现了旱季污水 100% 收集，同时也缓解了初（小）雨所形成的雨污混流水及其面源污染带来的对河流生态的冲击，缩短了雨源性河流水质恢复时间，提高了深圳的历时较长汛期的河流水质保障率。

沿河铺设再生水回用系统。不仅减少了原规划回用管线布线对市政交通、绿化等的破坏，减少了投资，同时也解决了市政道路绿化浇洒用水、河流补水等资源回用问题，实现低碳、环保、资源循环利用，补水量为 3.8 万立方米 / 天。

促进河流、公园与人居环境的有机融合。下穿通道、交通桥梁、绿道建设打通两大公园 4 处市政道路的隔离瓶颈，激活 18 千米人行步道，使 294 万平方米的市政公园融入城市绿道系统，扩大了河道行洪断面，增强了市民游公园、行绿道的亲水兴趣；拓展滞洪功能，形成滞洪景观湖 3 个，达 6.2 万平方米湖面水景，增加公园绿量，利用工程建设土方就地平衡形成 4 处小山丘，塑造山峦起伏、山水相依的立体质感地貌，两大公园景观水体大幅提升，实现河道景观与周边环境有机融合和生态治水要求，显著提升了周边居民生活质量。

深圳福田河美丽的余晖

中心公园滞洪景观湖

从海绵城市到多维海绵　**系统解决城市水问题**

三、综合效益显著

自 2011 年 6 月本工程主体完工并投入运行至今，运行、使用情况良好，设计的构思和处理措施取得了明显效果。水清、岸绿、景美的福田河成为福田区灵动的"幸福心田之水"，福田河综合整治工程成为市民点赞最多的政府民生工程，沿岸的笔架山公园、中心公园与毗邻的莲花山公园一道成为深圳市最受欢迎的风景区，来这里游憩、戏水的游客每年达百万人次之多。

工程先后获得中国水利优质工程大禹奖、深圳市第十五届优秀工程勘察设计一等奖、2013 年度广东省优秀工程设计三等奖、第五届中国城市河湖综合治理高级研讨会优秀设计奖、首届深圳创意设计七彩奖深圳创意设计大奖。

2012 年福田河综合整治工程荣获国家水利行业最高奖项——"大禹奖"时，评委专家组如此评价："没想到在深圳中心城区能再生出这么有野趣的河流，可以成为中国城市中小河流治理的典范"。此后，这种国内首创的"四位一体""系统解决水问题"的治河理念也在全国范围的城市中小河流治理中被广泛学习借鉴和实践，也引起了国外关注，具有一定的国际影响力。

如今福田河不仅是全国水务行业同仁来深圳参观考察的必到之地，也是深圳、香港、澳门环保人士开展交流活动的平台，以及观鸟、摄影、骑行爱好者的集聚地，得到了社会各界的频频"点赞"。

看到钢铁城市中这样一条河，你如何不欲辩忘言？

畅游在水清岸绿景美的河道，你怎能不遗世忘累？

嬉戏在澄澈的湖光山色之间，你怎能不流连忘返？

"行斯河也，则有心旷神怡，宠辱偕忘，把酒临风，其喜洋洋者矣。"

第四节　从生态河道向生态流域的延伸

基于丁山河、福田河等河道部分河段生态治理的成功实践，龙岗河干流的综合治理的范围进一步扩展，从梧桐山河和大康河口交汇口到深惠吓陂交接断面，治理河长 20 千米，实现了深圳境内的干流全河段治理。在干流治理成果带给市民水环境改善的信心的基础上，其支流治理也在全面铺开。

一、项目概况

2011 年 8 月深圳迎来第二十六届世界大学生运动会，主赛场便位于龙岗河畔。但干流治理前的河道现状与"生态、绿色大运""办大运、办城市、新大运、新深圳"，以及深圳、东莞、惠州三市界河治理达标计划与特区内外一体化等要求还存在较大差距，同时也难以满足迎接国家环保模范城市复查和市民人居环境改善的要求。因此，对干流实施综合治理是必要且紧迫的。

龙岗河干流综合治理工程项目建设范围为梧桐山河和大康河口至深惠吓陂交接断面，河长 20 千米，概算批复总投资 17.2 亿元。工程以南约河口为界分两期实施，一期治理河长 11 千米，投资 7 亿元；二期治理河长 9 千米，投资 10.2 亿元。

龙岗河龙园段鸟瞰图

二、工程方案

1. 治理思路——"一个核心、两个完善"

以水质改善为核心，完善防洪安全体系、完善生态廊道体系，同时"打造流动的城市绿道"，以"从生态回归自然"为主题，塑造生态、活力、文化水岸。

2. 项目建设内容——构建"五大工程系统"

构建"五大工程系统"：

（1）水质保障系统：沿河埋设各类强化截流涵管32.2千米，对7座支流口和近500处排放口实施截流，横岭污水处理厂新建补水泵站10万立方米/天、中水回用管6.5千米，末端设置40万立方米/天初（小）雨水调蓄处理池。

龙岗河

（2）稳堤固岸系统：疏通防洪瓶颈段800米，新建、修复破损挡墙2千米，拆除重建阻水桥梁1座，修复巡河路5.6千米。

（3）绿色护岸系统：采用生物和生态措施，沿河岸坡生态修复面积为280万平方米，通过构建河流生态系统，促进水质、生物物种和栖息地改善；沿河重点打造6处生态节点，构建流域生态文明，包括起点处"生态绿屿"、嶂背路"悠悠河岸"、龙城南路"U梦广场"、龙园公园"竞渡园"、低山段"揽香谷湿地"、末端"调蓄池公园"。

（4）湿地系统：沿河保留或构建近 20 处河滩湿地系统，提高河道自净能力；另征用 17 万平方米规划绿地新建湿地处理系统，在提高流域水面率的同时，为下一步界河水质达标服务。

（5）绿道系统：结合岸坡建设新建 31.6 千米绿道，打造沿河慢行休闲系统。

3. 项目特点——实现"五个结合"

（1）流域治理与区域治理相结合——按"系统规划、分期实施"的原则，将龙岗河干流综合治理工程纳入龙岗河流域水环境综合整治体系中统筹考虑，并通过干流骨架工程的先期实施，带动流域综合治理的全面推进。

（2）防洪、治污及岸坡修复相结合——开展防洪、水质和生态景观的"三位一体"综合治理，如利用截流箱涵顶开拓河内公共活动空间、结合防洪瓶颈段疏通扩宽打造沿河城市休闲广场等。

（3）生态补水与景观治理相结合——污水厂尾水除了回补河道营造水景观外，还用于深度处理、市政杂用及绿化浇灌，体现了循环经济理念。

（4）河道建设与绿道建设相结合——巡河路兼作绿道，沿河配套服务设施，作为龙岗区五号城市绿道的主要支网，连接大运新城二号省级绿道。

（5）工程建设与文化建设相结合——沿河景观小品造型融合当地特色文化（如客家文化、龙文化、体育文化等）；设置水环境展览馆，联合教育部门及环保团体，将河道打造为公众参与的文化教育基地。

龙岗河水环境展览馆

三、工程进展情况

1. 一期工程进展情况

一期工程于 2010 年 9 月开工，2011 年 12 月完工，目前正在进行结算工作。作为原特区外第一条系统实施综合治理的大河，工程创造了综合治河工程的"三个深圳速度"。

一是前期工作的"深圳速度"。按上述工程建设任务和分期建设规划，为确保一期工程能如期开工，市水务局组织各参建单位认真调研、科学谋划、精心组织、合理倒排设计工期，并对设计实施全过程监管，在市发改、规划、财政、审计等部门的大力支持下，于 2010 年 4 月 21 日取得一期工程可研批复，2010 年 7 月 21 日取得工程概算批复。从明确任务到取得政府批文，不足 7 个月便组织完成了工程可研和初设两个阶段的前期设计工作。

二是工程建设管理的"深圳速度"。受大运会节点工期的制约，一期主体工程要求于 2011 年 7 月 31 日前建成，扣除雨期及节假日，即要在短短的 9 个月内完成 7 亿元的工程投资建设，此施工强度在深圳水务建设史上前所未有，各参建单位克服种种困难，于 2011 年 2 月底前实现截流箱涵全线贯通，并如期全面完工。

三是工程征地拆迁的"深圳速度"。按"高标准、高品位建设龙岗河河岸带"要求，龙岗区各相关街道对龙岗河干流一期工程范围内实施了必要的征地拆迁，总征地面积和拆迁面积分别高达 21.5 万平方米、11.6 万平方米，配套资金约 4 亿元。此拆迁力度和强度堪称深圳河流治理史上之最。龙岗区举全区之力积极配合，工作中讲究方法，对拆迁户动之以情、晓之以理，终获各方理解支持，于 2011 年 5 月前完成全部征拆工作。

2. 二期工程进展情况

二期工程总投资 10.22 亿元，其中河道工程投资 5 亿元，于 2011 年 12 月开工，除部分岸坡修复工程受制于征地拆迁无法按时实施外，其余主体工程均于 2012 年 12 月顺利完工；湿地工程投资 0.5 亿元，拟于 2014 年 1 月开工；调蓄处理工程投资 4.72 亿元，因用地尚未落实暂无法实施。二期工程推进过程中，在参建各方配合下，突破了"三大难点"，并体现了"三个亮点"。

一是用地超出蓝线范围大、手续繁杂：项目超河道蓝线用地面积达 121 813.11 平方米，用地规划手续于 2011 年 3 月启动，至 2012 年 9 月，历时一年半完成审批，尤其是用地方案图前后经历了 3 次报批，在规划国土委、龙岗区政府等部门配合下，经过多次沟通终获批复。

有了用地条件的保障，龙岗河将打造"深圳市最大的滨河森林生态系统"。

二是湿地设计方案调整大、程序严格：受用地选址及新形势等边界条件变化的制约，施工图阶段对原方案做了进一步优化和完善，调整为大水面及人工湿地的方案。方案变化涉及投资增加 2000 万元，参照市政府投资项目相关管理条例应报市发展改革委备案并重新核定投资，经过前后一年的补充工作及沟通，终于 2013 年 10 月获批概算调整批复。有了建设资金的保障，龙岗河将打造"深圳市最大的滨河湿地休闲系统"。

三是河内跨汛施工难度大、导流困难：根据 2012 年完工的要求，部分河道截流工程要求在汛期施工，尤其施工河段位于干流下游，流域面积大、洪峰流量高，对施工导流及人员安全是个严重的制约。建设方会同监理、各施工单位，精心制定各种施工准备及预案，并于 2012 年 4 月 15 日贯通左右岸箱涵，比合同工期节点提前一个半月。有了严密的施工组织保障方案，实现了"深圳市最大的跨汛河道工程的安全生产零事故目标"。

四、实施效果

1. 防洪安全保障能力加强

通过圳蒲岭防洪瓶颈段的打通、破损挡墙修复（19 处合计 1230 米）、巡河路贯通（6 处合计 2600 米）、拆除重建圳蒲岭阻水桥梁（1 座）等措施，使干流全河段达到百年一遇的防洪标准，并强化了河道防汛管理功能。

2. 彻底改善河流水质

干流全河段河道水体消除"黑臭"，水质由劣五类上升为观赏性景观水体。除总氮、氨氮、总磷外，其余主要指标（pH 值、化学需氧量、生化需氧量、铜、石油类、悬浮物等）优于地表 V 类水标准。2013 年前三季度，龙岗河干流全河段平均综合污染指数同比下降 50%，吓陂交接断面同比下降 37.8%；吓陂交接断面化学需氧量、生化需氧量、氨氮、总磷指标分别同比下降 27%、70.9%、46% 和 25%，水质改善效果显著。

3. 滨河人居环境受益提升

工程治理后，龙岗河成为人气高度聚集之地，利用河内走廊及绿道促成了河流、沿河市政设施与人居环境的有机融合，促进了周边土地及房产价值的整体提升。

4. 沿河生态系统获得重生

治理前鱼虾绝迹、虫鸟稀少，植物以蟛蜞菊等耐污性强的物种为主。工程实施后，新引种的当地物种长势良好，蜻蜓点水、鱼翔浅底、飞鸟逐水等景象随处可见，尤其像白鹭、锦鲤等治理前绝迹的动物也偶有出现。种种情景印证了生态系统的修复卓有成效。

五、后续举措

受干支流治理时限不匹配、下游惠州境内淡水河瓶颈段防洪标准低、流域面源污染影响尚在等因素制约，出现降雨时，龙岗河水质变差，河面垃圾等漂浮物迅速增多，坑梓片区内涝现象还一定程度存在。为了彻底将龙岗河打造成"一河清泉水、一道风景线、一条景观带"，按照"流域治理与区域治理结合、系统工程与骨干工程兼施"的思路，市区水务主管部门拟通过"七大举措"全力推动龙岗河全流域的综合治理工作：

1. 全面启动支流综合治理

利用第四轮市区政府投资事权划分实施方案关于河道综合整治项目由市政府投资的有利条件，加快梧桐山河、南约河、龙西河、同乐河、大康河共 5 条支流的综合治理工作，实现旱季入河污水全部接入污水处理厂进行处理后排放，剥离清洁基流作为河道生态补水。

2. 协作推进深圳、惠州界河治理

与惠州方积极沟通协调，将龙岗河下游插花地瓶颈段，以及由惠州流入深圳市的丁山河、黄沙河、屯梓河等支流综合治理作为深莞惠一体化工作的重要内容，加快推进惠州侧相关工程治理工作，争取两地同步实施综合整治，解决洪水下泄不畅引起的水位顶托、坑梓片区内涝频发问题，实现惠州交接断面的水质达标和龙岗河干流防洪排涝效益的早日发挥。其中深圳、惠州两市联合整治的深惠交界处（龙岗河）大松山段防洪工程主体已于 2013 年 11 月完工，下阶段将以此为样板，积极推进龙淡河大松山至沙田瓶颈段及插花地段左岸整治工程。

3. 强力推进干支管网完善

继续推进龙岗河流域污水管网建设和接驳工作，做好流域内横岗污水处理厂、横岭污水处理厂的运行及回补河道水质监管工作，完成横岗再生水厂扩建工程，在沿河截污的同时实现活水补源。

4. 致力于环境提升反哺服务

将占地 17 万平方米的龙岗河湿地公园打造为独具深圳特色的亲水体验区，结合深圳境内的黄沙河、丁山河综合治理，来提升龙岗中心城及国际低碳城的人居环境，并结合用地规划及产业布局调整对滨河商业进行适度引导、控制及开发，注重河流治理对产业发展及经济产出的反哺效应。

5. 开展河道执法专项行动

加强全流域的水土保持、违章建筑清除和面源污染清理工作，确保河道蓝线用地控制，减少垃圾污物入河现象。

6. 实现工程建管无缝对接

按"建管并重、管养分离"的原则，积极落实专项管理资金，公开招标龙岗河管养单位，在工程建设尚未全面竣工时即提前介入管理。在做好龙岗河综合治理工程的运行管养、切实发挥工程效益的同时，注重河流生态改善，逐步提高河流自净能力，恢复河流生态。

7. 培育公众参与社会氛围

结合湿地公园建设，设置永久水展览馆，作为水环境科普教育基地，同时联合机关企事业单位、环保社团、教育机构等，定期开展"美丽河道、人人共享"系列宣传实践活动和河流认养制度，形成"全民爱河、人人护河"的公众参与氛围。

河道治理的成功激发了市民的环保热情，水生态文明内涵也取得了创新，如今龙岗河已成为环保及义工宣教基地，文化墙征集的儿童版画，体现了莘莘学子的爱河之心，而水环境展览馆里人头攒动，为今后的环境保护培育了一颗颗希望的种子。

第五节　生态河湖的文化内涵丰富

如果说龙岗河的水文化是以水环境保护为核心，那么欢乐海岸水系则体现了岭南文化的特点。以水为路，凭船而行，家家临水，处处绿波。珠江三角洲发达的水系促成了港口、商埠，形成了沙田、驳岸，展现出岭南水乡的独特风情。桑基鱼塘是岭南水乡的特殊景观，历代农民利用低洼地深挖成塘，把挖出来的泥土堆高成基，塘里养鱼，基上种桑，桑叶摘来养蚕，蚕沙又拿去饲鱼，形成了健康的生态循环。

今天的深圳，已经没有渔村的痕迹，我们不能保留历史，但希望在高楼大厦间留住岭南水乡迷人的风韵。

一、北湖：保留生态

深圳华侨城"欢乐海岸"项目坐落在深圳湾填海区，位于滨海大道北侧、华侨城主题公园南侧，南面与规划中的深圳湾 15 千米滨海长廊及红树林保护区隔路相望，东侧为拟建的滨海医院，西侧为滨海高尚住宅用地。项目总面积为 124.96 万平方米。"欢乐海岸"项目紧邻深圳华侨城区南部，并将与现有城区及景区形成从山到海的一个整体。

"欢乐海岸"南湖、北湖鸟瞰图

与自然共生是"欢乐海岸"得以持续发展的生命线。项目南侧与规划中深圳 15 千米滨海长廊相连，是一个集文化、娱乐、休闲、生态教育于一体的都市新亮点。而项目北侧有良好的自然生态条件，相邻的是深圳市红树林自然保护区，内有大面积的湿地及成群的海鸟栖息，是位于城市腹地、全国最小的国家级动植物自然保护区，区内栖息了 100 多种鸟类，每年还有大量的从西伯利亚和澳大利亚飞过来过冬的世界珍稀候鸟。

华侨城"欢乐海岸"处于红树林保护区的缓冲地带——侨城湿地，侨城湿地不论春夏或秋冬季节，都有成群的野生鸟类翩翩起舞，其中不乏珍稀鸟类。另外，侨城湿地大雁纷飞，中国民俗文化村白鹭盘旋，城区鸟鸣啾啾，整个华侨城生态环境处于良性循环之中。因此，提升侨城湿地的生态环境质量，以吸引更多的鸟类在此安家落户，把侨城湿地建成鸟儿的乐园，对保护和促进华侨城整体生态环境的可持续发展具有重要意义。

北湖侨城湿地

湿地植物种类的选择以净化功能和景观功能为目标，新改造的自然湿地，将首先改善湿地底质结构，形成不规则水面，建造自然、曲折、便于人行的田埂或木质栈道，将部分水面适当分隔，调整原有植物种类与搭配，清除枯萎的水生植物、一些矮小型蕨类植物，以及对水质净化作用不大的、不具有景观作用的植物，在小径周边改换种植有较强的污水净化能力和景观功能的湿地植物。划分为小区域湿地的作用主要有以下几个方面。一是便于管理。湿地要正常运行，并发挥生态和景观功能，就必须定期进行管理和维护。湿地面积过大，不利于其中的杂草和杂物的清除，也不利于湿地植物的定期收割。二是提高湿地净化水质的效能。湿地面积过大，湿地中的水体流速不均匀，部分区域易形成死水区。三是在其间开辟休闲活动空间，满足人们日常活动需要。湿地小径蜿蜒曲折，人们行走在湿地小径上，能够感受到鸟语花香、回归自然的怡人景象，从而营造出人与自然和谐相处、虽系人为宛自天成的完美生境。

二、南湖：再现水乡

再现岭南水乡，项目水环境设计须满足以下设计目标。

再现岭南水乡

水体循环目标：利用项目水域内现有三条箱涵与深圳湾的联系、深圳湾海域的海水资源、海水自然的潮汐作用，尽可能实现内湖水体与深圳湾海水的充分循环交换。

水质净化目标：项目北湖主要通过自然沉淀、生态净化的方式进行水质处理，水质既要满足无臭、清澈的观感要求，又要满足湿地生态和鸟类栖息的要求，从而实现人与自然的和谐相处。项目南湖，特别是南湖东区规划要有机组织都市休闲、旅游节庆、娱乐度假等活动，突出营造一个流光溢彩的都市休闲生活港湾的"欢乐"氛围，强调各种亲水功能的组织、岸线的设计，因而水质要满足景观水水质的要求，使之与高端项目设置、滨海形象相匹配，同时更要满足规划中的水上活动、大型水秀（非人体直接接触）等水质要求。

水位控制目标：项目北湖维持与深圳湾潮涨潮落自然交换形成的自然变动水位，其水质循环交换条件改善后仍应维持现有的陆地、林地和水域面积比例；南湖应控制形成基本稳定水位，服务于高标准的亲水驳岸建设。

南湖城市综合体

从海绵城市到多维海绵　**系统解决城市水问题**

南湖风情水街

南湖小桥流水

水污染控制目标：对项目水域内的小河河口、碧海云天以及地表径流的污水进行截排处理；同时清除内源污染，构建生态湖底。

总体思路是："治污为本，生态优先，对外开放，对内搞活"。

治污为本：小沙河的污水必须予以截排，碧海云天的污水必须予以整改，痛下决心截污治污。不在北湖建设任何处理小沙河污水的设施，污水截排进入污水厂处理，处理成本低、效果好。

生态优先：原生态保护优先，保护现有生态系统。充分利用现有的生态、驳岸系统，同时进一步强化湿地、水陆交错带及生态稳定塘对水质的改善作用。

对外开放：通过与深圳湾大环境的结合，建立与深圳湾相联系的大生态、大水体的循环交换系统。着重研究内湖水位与深圳湾潮位的关系，以及内湖水质（目标）与深圳湾近、远期水质的关系。

对内搞活：通过闸的运行机制调度水体交换，采取有效的复氧措施，调活水体。着重处理好内湖与周边用地的关系、南湖水位与驳岸景观建设方案的关系、南湖水质与周边景观功能定位的关系、北湖水位与现状随潮位带来的滩涂地去留的关系。

欢乐海岸水系、丁山河、福田河、龙岗河等河湖的生态治理，不仅实现了城市防洪除涝，改善了水质，还保护了"山水林田湖"的生命共同体，同时为市民提供了休闲游憩的公共空间。不仅是河湖水系，越来越多的水务基础设施也在逐步向复合功能和开放空间发展。

第七章 绿色共享，开放水设施

第一节　从单一功能到绿色共享

灰色基础设施（Grey Infrastructure）通常指传统意义上的市政基础设施，以单一功能的市政工程为主导，是由道路、桥梁、铁路、管道以及其他确保工业化经济正常运作所必需的公共设施所组成的网络。20 世纪 90 年代中期，绿色基础设施（Green Infrastructure）的概念被提出，其是由河流、林地、绿色通道、公园、保护区、农场、牧场和森林，以及维系天然物种、保持自然的生态过程、维护空气和水资源并对人民健康和生活质量有所贡献的荒野和其他开放空间组成的互通网络。具体到排水治污方面，绿色基础设施是通过新的建设模式探索、催生和协调各种自然生态过程，充分发挥自然界对污染物的降解作用，最终为城市提供更好的人居环境。

水务基础设施指涉水的人工基础设施，大尺度如水库大坝、河道堤防，中尺度如泵站、水闸，小尺度如雨水篦子。过去对基础设施的要求以追求实现功能为主，加上专业的分工过于细化，工程师缺乏美学素养，因而水务基础设施常以"笨重、生硬、丑陋"的形象出现。同时，出于安全保障需求，水务基础设施通常是相对封闭的，不能让市民接近。

一、开放共享的泵站

前海排涝泵站设计为传统水利设施走向公共空间的转型迈出了一步。枢纽泵站的建筑以排涝泵房、初（小）雨功能区泵房建筑为主，整体呈对称布置。在满足枢纽泵站工艺功能要求的

泵站设计总平面图

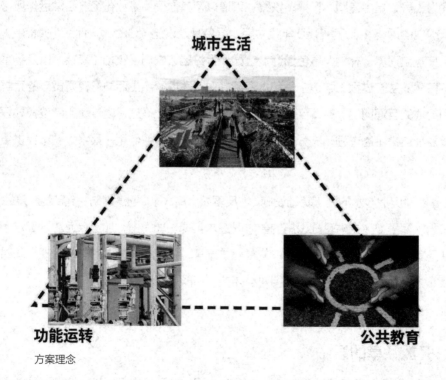

方案理念

从海绵城市到多维海绵　**系统解决城市水问题**

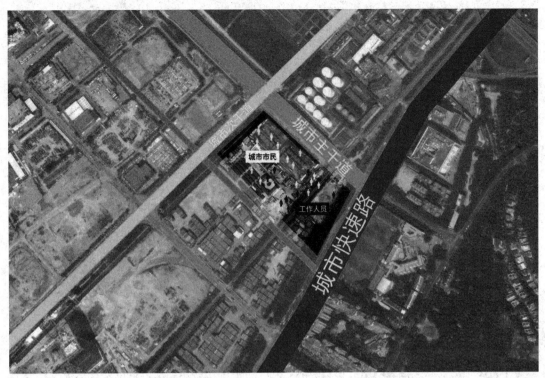

城市主干道

城市快速路

城市市民

工作人员

使用对象

基础上，考虑生产管理附属设施用房各功能区的总平面布置。

  厂区西南侧港城路设置一个主要出入口，是全厂对外联系、人员进出的主要通道，供厂区生产处理运输之用。在厂区东北侧，临景观湖侧设置与水廊道步道系统相连通的出入口，供游人参观进入。厂区合理的交通流线设置将人流、车流分开，互不干扰，功能明确，使用方便，联系便捷。

  综合功能、风向、日照、环境等多方面的因素，采用这种总平面布置，很好地解决了噪声、空气污染的问题。同时，通过解决参观流线和功能流线的流线交叉问题，保证参观区和功能区互不干扰，使建筑各功能区空间协调丰富。

  在总平面布置中，为创造出具有花园式环境的枢纽泵站工程，在厂区四周临近的道路处及与水廊道景观湖相接处，布置有大面积的绿化，创造了一个环境宜人、丰富多彩的外部空间，与水廊道形成自然和谐的亮丽风景。

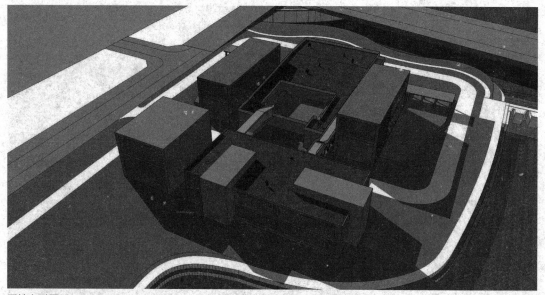
泵站鸟瞰图

　　枢纽泵站的建筑分为泵房及电气设备用房、变电站（110 千伏）、生产设施配套用房。力求每个分区相对独立又相互联系。各功能区之间尽可能连通起来，使人们能方便快捷地到达各个工作点，提高工作效率，同时使枢纽泵站各功能区形成一个整体，有机地联系起来。通过采用空中走廊、封闭廊道，使外部参观人员安全便捷地到达各开放区域，与枢纽泵站生产流线分割开来，独立运行，能够满足最大化的对外开放，为周边休闲的人群增加了一个有趣味性、科普性的休闲活动场所。

生产性 FUNCTION

服务性 SERVICE

休闲教育性 PUBLIC

新增功能

生产性人流

服务性人流

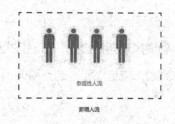
参观性人流

新增人流

功能及流线设置

从海绵城市到多维海绵　**系统解决城市水问题**

建筑创意方案 A

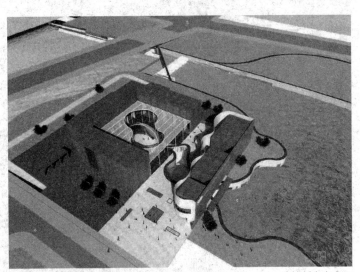

建筑创意方案 B

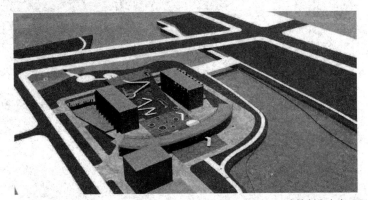

建筑创意方案 C

北

0 10 20 40米

地铁9号线鹿丹村站

深 圳 河

鹿丹村调节池总平面图

二、立体开发的调节池

鹿丹村调节池位于布吉河河口右岸、深圳河北岸、罗湖区滨河路南侧，其西面为滨河污水处理厂，东面为鹿丹村社区，设计占地 2.528 公顷。本调节池主要调节旱季污水、部分初（小）雨水，为滨河污水处理厂"削峰填谷"，实现对布吉河旱季污水及部分初（小）雨水的调节和处理。调节池的总容积为 9 万立方米，分三格，旱季运行一格，可交替使用，雨季三格同时使用。

调节池北面紧靠深圳市高档消费区万象城，南面与香港一水之隔，将调节池的地面部分改造为鹿丹村公园，与河口公园一起将成为布吉河生态廊道的集结点，并打通通向香港的视觉廊道。为了表现"水文化"这一主题、降低改造成本、节约后期管理费用、突出设计主题，公园绿化灌溉设计均采用滨河污水处理场内的中水进行浇灌，这样不仅保证了水源，还可以实现水循环再利用。城市人生活节奏快，房子密集，很难有一个开阔的空间，同时这个休闲公园靠近鹿丹村生活社区，人流量也会比较多，设计一个开阔的草地显得既舒服又很实用，人们可以在这里放风筝、晒太阳，尽情享受这个惬意的场地。

从人的视觉性角度考虑，在鹿丹村设计了贯穿整个公园使其成为内部交通联系的纽带的"百米花廊"。在几百米长的花架周边，种植攀缘性植物，形成一道美丽的风景线，让人目不暇接。从居住区的环境考虑，周边居民以老人和儿童居多，此次设计中重点设计了两处开阔的大广场（即入口广场和文化广场），既缓解了人员出入口的流通，又满足了周边人士健身、娱乐等基本需求。带有文化感的广场既休闲又是一道亮丽的风景线，也是此次设计中人性化的体现。

与泵站、调节池等基础设施不同，出于水质安全保障需求，供水水库通常相对封闭的，不让市民接近。如何既保障供水安全，又为市民提供休闲游憩空间是摆在水利工程师面前的课题。

深圳水库围网

第二节　好水好缸：水库的开放共享 4.0 时代

权衡水库建设的利弊，面对人类对水资源的刚性需求，正视水库建设对于人类生存和发展起到的重要作用，但单一的功能性水库建设造成生态破坏的修复和愈合问题亟待解决。一个具备良好生态素质的水库，本身就是一个风景优美的地方，能够带来多样化的风景体验：丰富的水岸线、茂密的山林、湿地、百鸟栖息的岛屿……再结合现代科技和有序得当的管理手段，水库必定会成为优秀的风景游憩资源，为公众所享用。

一、水库 1.0：灌溉防洪，水利枢纽

人类的生产、生活离不开淡水，淡水主要来源于降雨，而降雨具有时空分布不均的自然特征。因此，水库应运而生。我国水库大坝建设的历史源远流长。见诸文字记载的最早的蓄水坝，是相传建于公元前 598—公元前 591 年间的安徽省寿县的"芍陂"——安丰塘坝，坝高 6.5 米，库容约 9070 万立方米，是中国古代四大水利工程之一。芍陂的建成，使得安丰地区年年粮食丰收，一跃成为春秋时期楚国的经济要地。中华人民共和国成立后，对芍陂进行了综合治理，开挖淠东干渠，沟通了淠河总干渠，芍陂成为淠史杭灌区的调节水库，灌溉效益有很大提高。

在古代，人类筑坝，一方面是为了灌溉取水之用，另一方面是为了抵御洪水的侵袭。后来，筑坝蓄水还产生了改善航运、养鱼、发电等多种效益。所谓"兴利避害"，水库大坝是一个绝佳的体现。随着修建现代化水库技术的发展，改革开放后 30 年内，我国的水库建设突飞猛进，尤其三峡大坝的建成，对我国的防洪、灌溉、供水和能源产生了巨大效益。

二、水库 2.0：长藤结瓜，城市供水

长藤结瓜原指灌溉系统，通过输、配水渠道系统连接水库、池塘等调蓄水量设施，渠道像瓜藤，水库、池塘像藤上的瓜，故称长藤结瓜式灌溉系统。深圳市利用东深供水工程、东部供水水源工程从东江取水。通过供水网络干线工程、北环供水干管和其他输配水支线，连通松子坑、深圳、西沥、铁岗等 19 座调蓄水库，形成"长藤结瓜、分片调蓄、互相调剂"的水源网络，将东江原水和本地水在全市范围内进行分配，形成东部水和东深水的双水源供水保证体系。

石岩水库是深圳四大水库之一，有 6 条入库支流。流域面积 45.91 平方千米，建成区超过 50%，是典型的城中水库。服务人口 380 万人，年供水量 3.5 亿立方米。由于流域内社会经济快速发展，人口急剧增加，且工程治理滞后，6 条入库支流带来自产水径流的同时也带来污染，严重影响了人民群众的饮用水安全。治理前，其水质位列广东省饮用水源倒数第二位，入库污染的防控与库区水质的改善到了十分紧急的关头。石岩水库水质受污染的现状，不仅严重影响到全市水质达标率，还涉及石岩街道乃至整个深圳市经济社会的可持续发展，对石岩水库供水范围内人民群众的饮水安全和身体健康构成了威胁。

石岩水库全景图

石岩水库的水质改善是一个涉及面广、影响因素多的系统工程，造成污染的原因众多，除了截污干管未能覆盖全流域外，截流倍数小、雨季污水溢流是重要原因，在现状调查中还发现大量的果园菜地鱼塘、水土流失现象和随地可见的垃圾都给水库带来了严重的污染。石岩水库截污工程只是其中的一个重要的工程措施，石岩水库水质的保护有必要实施污水截排、一级水源地围网、退耕退果还林、库区生态修复、清除外来人口在库区的违建与垃圾分拣场、加速库区的生态建设、加强石岩街道垃圾管理等一系列措施。

针对库区污染呈现东线高污染负荷、西线低污染负荷的分布特征，采取东、西线分别处置。东线截排系统：截排王家庄溪、石岩河、深坑沥、白坑窝等支流受污染水体，最终将该受污染水体（污染水体列为茅洲河综合治理项目任务）绕过水库排往库下游茅洲河综合整治工程，输送下游处理。西线截排系统：新建麻布水和运牛坑水两座前置库湿地，利用分质排放、生物净化的方式对入库水体进行分流处理，水质达标后回归水库。

从海绵城市到多维海绵　**系统解决城市水问题**

石岩水库生态前置库设计效果图

深圳市石岩水库截污工程的建设，增强了水库的防洪和调蓄能力，极大地提升了防洪安全保障率；清洁雨水直接入库，人工湿地生态处理系统日处理污水量 8000 立方米，本地水资源利用率提高 67%；系统年污水截排量 1200 万立方米，消减重铬酸钾 1220 吨，入库污染负荷削减率为 94%，从治理前水质位列广东省饮用水源水库倒数第二位，提升到水质指标达标率为 100%，提高了水质污染风险处置能力，为深圳市宝安区、光明新区 380 万人口的饮水安全提供了有力保障。

石岩水库截污工程的建设，使周边生态系统得到修复，景观有较大的改善，如今的石岩水库水质清澈，岸边绿树成荫，构建了一幅和谐优美的生态画卷，是城乡水系整治和生态治理工程中的典范。

三、水库 3.0: 休闲教育，逐步开放

水利风景区以水域（水体）或水利工程为依托，具有一定规模和质量的风景资源与环境条件，是可以开展观光、娱乐、休闲、度假或科学、文化、教育活动的区域。水利风景区在维护工程安全、涵养水源、保护生态、改善人居环境、拉动区域经济发展诸多方面都有着极其重要的功能作用。

公明水库三面环山，水库建成后，大坝、料场、弃渣场、运输公路建设及大量的蓄水会造成原有生物栖息地消失，并导致赖以生存的原有生物大量迁徙、死亡。方案主要采用恢复消涨带与生物栖息地、调整水源涵养林结构以及设置生态浮岛等生态修复策略；人工设施采用低干预的规划设计手段，保证游客活动区域与水域边界的隔离距离，有效杜绝因游客活动导致水源污染的可能，以达到生态保护和水源保护的目标。

打破固有的水库管理模式，结合水利风景区的建设，全方位构建新型的水库管理模式，建立良好的应急管理系统，保障水库的日常功能运转；在风景区的管理方面，兼顾水源保护的特点，管理上采用控流量、控范围、控时段、预约实名购票的游览参观服务模式，在保护水源水质安全的同时，保证景区在完善的管理系统下安全、有序地运行。

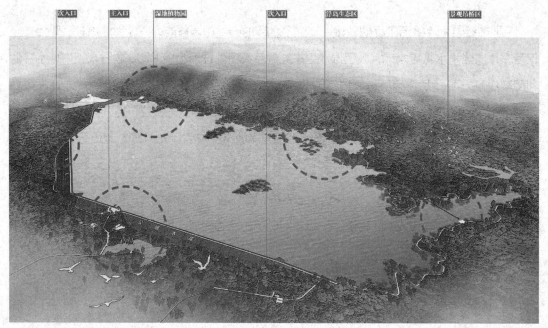

公明水库水利风景区设计鸟瞰图

项目主要围绕库体的环型带状空间及三个入口区的设计。通过恢复水库生态系统，使之具备良好生态素质，成为风景优美的游憩资源。再结合有序得当的管理体系，克制地置入人的活动及低干预设计的线性游览路径，最终形成基于低影响开发的郊野型景区，为公众所享。

四、水库 4.0：分质蓄水，好水好缸

作为饮用水源地的水库一旦成为水利风景区，向公众开放，不可避免地要考虑水质受到污染的风险。保障饮用水安全，满足人民群众对饮用水水质日益增高的要求，确保人民群众身体健康，是"以人为本、建设和谐社会、实现人与自然和谐以及经济社会全面、协调和可持续发展"的头等大事。

深圳市高度重视饮用水安全工作。1992 年，深圳市按照《饮用水水源保护区污染防治管理规定》的要求划定了饮用水水源保护区。随着水源保护工作的深入开展，深圳市于 1995 年颁布了《深圳经济特区饮用水源保护条例》，并于 2000 年进行了修订。为配合条例的实施，深圳市于 1995 年对饮用水水源保护区进行了重新划分，又于 2000 年对区划进行了修编。2006 年，基于部分水源保护区水体功能的改变以及市政干线道路网规划与水源保护区管理条例法规上的冲突，为适应深圳市社会经济发展，再次对区划进行了修编。"十二五"期间，深圳市对部分水库进行了扩容工程，加上随着城市发展进程的加快，部分流域人口、经济发展等发生了重大变化，致使局部地形地貌、水库集雨范围、流域分水岭发生改变。在此情况下，深圳市于 2015 年对全市水源保护区再次进行了修编。

根据《2016 年深圳市水资源公报》，铁岗水库、石岩水库 2016 年的供水量分别为 14 262.17 万方米、35 912.57 万立方米，铁岗水库是西乡、蛇口等地供水水源地，石岩水库担负着宝安区西部六个街道——石岩、光明、公明、松岗、沙井、福永的供水重任。两个水库都是深圳市至关重要的城市供水调蓄库体，对宝安及周边片区的社会稳定、经济发展、防洪安全和居民生活水平起着举足轻重的作用。

铁岗、石岩水库在相关工程实施后，流域旱季污水基本通过市政污水管网转输出库，一定标准下的初（小）雨通过调蓄也转输出库，现状水质保障措施可以确保入库污染负荷不增加，对铁岗、石岩水库水质安全保障起到了积极作用。但是，现状水质保障措施仅能保证石岩片区建成区 20 毫米以内、铁岗（九围片区）7 毫米的降雨调蓄转输出库，超标的降雨仍然入库。

另外，现场查勘发现，九围河及应人石河等河道入库口区域雨天溢流水体存在面源污染，造成库尾区域水质不佳，甚至应人石河因长期存在此种情况，致使河口淤积，现场可嗅到轻微臭味。

东江引水水源水质虽然综合指标能够达到Ⅲ类水标准，但总氮、总磷等指标接近限值，水质调节弹性较差，留给水库的调节富裕度较少。

铁岗、石岩水库上游流域范围内，建成区面积大、交通流量大，现状截污工程缺乏应对突发事件的能力，水库水质存在面临突发事件的风险，外部污染源容易通过地面径流直接进入水库而影响水库水质。同时，石岩水库上游建成区范围内有少量排污企业尚未拆迁，对石岩水库现状水质安全造成影响。

生态库示意图

本着"好水好缸、优水优用、资源统筹、分区处理"的总体原则，我们提出利用水库若干库尾构筑生态库，实现水资源总量不变的前提下"多水统筹"的理念，即通过副坝将饮用水水源与生态水水源相隔离，把生态库作为建成区雨水的调蓄及净化区，确保达不到入库标准的水体不入库，同时生态库可作为景观湖，并作为河道水系补水的水资源进行多重合理利用。

　　水库走向公共空间是市民乐见其成的，但还有一类基础设施，是城市生活必备，又让市民避之唯恐不及，就是污水处理厂。在建设过程中如何避免"邻避效应"带来的尴尬成为新时代的新课题。

第三节　环境友好：污水处理厂的绿色转型

要建厂进行污水处理？举双手赞成！污水处理厂要建在自家周边？反对！这恐怕是不少人对于建污水处理厂的态度。污水处理厂这类可能影响环境质量但又是城市生活必备设施的项目，在建设过程中如何避免"邻避效应"带来的尴尬？近年来，因垃圾、污水、危险废物等环保设施建设所引发的群体性事件时有发生，而大部分事件的最后结果都是"一闹就停"。一边是严峻的环境形势亟待新建环保设施，一边是公众质疑、"邻避效应"，部分环保设施在我国遭遇需求之切和落地之难的尴尬，最终陷入"零和"困局。

幸运的是，随着科技的进步和投入的增加，当前，在很多国家和地区，已经有很多成功的案例告诉我们，重化工业、垃圾处理等传统意义上高污染和高排放的产业都完全可以实现全生命周期的清洁化生产，很多企业也正在朝着这个方向努力，也就是以技术进步和资本增加来换取清洁和环保，这样一来，所谓的"邻避主义"就将越来越无立足之处。

一、功能：污水处理基础设施

城市排水体制的选择是城市排水系统规划中的首要问题，它影响排水系统的设计、施工、维护和管理，对城市规划和环境保护也有深远影响，同时也会影响排水系统工程的投资和运行管理费用。

排水体制主要分为两种，一种是合流制，一种是分流制。合流制排水系统将城市雨水和污水一起收集、排放。而分流制排水系统将城市雨水和污水分别收集、排放，这样可减小污水厂的建设规模、降低造价，也可减少污水雨季入河的排量，有利于保护水环境。由于该流域城镇不同层次规划确定的排水体制为分流制，针对分流制排水系统的截污可分为完全分流制、截流初期雨水的分流制、半分流制、截流初期雨水的半分流制四种排水方式。

龙华污水处理厂位于宝安区龙华街道和观澜街道交界处，该片区采用截流初期雨水的半分流制排水系统。即收集完全分流制污水的同时，对合流污水进行截流，最终全部送到污水处理厂。它的占地面积约为 11 公顷，处理规模 40 万立方米/天，主要处理龙华街道及深圳市二线拓展区的生活污水和上游收集的部分初（小）雨。

龙华污水处理厂

二、环境：增加水环境容量

城市水体在城市中有着不可替代的功能，主要分为城市水体的资源功能、景观娱乐功能、小气候调节功能等。我国《城市污水再生利用景观环境用水水质》（GB/T 18921—2002）将城市污水回用于景观环境用水分为观赏性景观环境用水和娱乐性景观环境用水两大类，每一类又分为河道类水体、湖泊类水体以及水景水体三种类型。

龙岗区环境需水主要包括河道环境用水、城市河湖用水，主要通过必要蓄水储存、补水措施实现。深圳市全年80%以上的降雨量集中在4—10月的雨季，而剩余时段的降雨量只占不到20%。大多数的河流都是季节性河流，在枯水季节，河内流量极小甚至断流，大部分河道水质超标，更甚者已出现黑臭的现象，急需补充生态用水。

再生水是指城市污水经二级处理或者深度处理后，达到国家和本市规定相关水质标准的非饮用水。对城市污水进行处理和再生利用，按照分质供水的原则将其用于一些对水质要求较低的场合，从而替代优质水，实现水资源的合理配置。再生水用作水景类景观环境用水，可以构造城市水景观和人工水面，给人们带来美感的同时，也改善了生态环境。通过合理的设计，实现经济效益和环境效益的统一，以及人与自然的和谐共存。

再生水厂处理设施

横岗再生水厂地处横岗街道下游，其规模为 5 万立方米 / 天，这样不仅可以作为稳定的供水水源保证大运中心景观用水需求，同时也可以向周边地区提供环境景观、市政杂用等用水。根据河湖和水景水体补充用水的不同要求，利用处理过的污水补充河湖及水景水体用水，既解决了污水的出路，又解决了环境用水与工农业、生活用水之间争水的矛盾。

横岗再生水厂出水

三、生态：绿色开放水公园

2010 年 8 月 26 日，国务院批复同意《前海深港现代服务业合作区总体发展规划》，将前海定位为"粤港现代服务业创新合作示范区"，前海的发展已被提升到国家战略。作为现代服务业体制机制创新区、现代服务业发展集聚区、香港与内地紧密合作的先导区及珠江三角地区产业升级的引领区，前海深港现代服务业合作区秉承"前海水城"的核心规划设计理念，打造以水为核心的"中国的曼哈顿"。

南山污水厂位于前海合作区红线内，现状处理规模 56 万立方米 / 天，是深圳市污水系统大动脉——排海干渠上重要的处理排放节点，主要服务于福田区、南山区及前海合作区，承担着原特区内 1/3 以上面积的污水收集处理任务，对保障深圳河（湾）、后海及前海水环境意义重大。

南山污水厂肩负污水处理、再生水回用、初（小）雨处理和污泥处理处置等多种功能，整合了水系统、污泥系统、除臭系统和景观系统，存在深海排放、近岸排放和经廊道、前海湾排放三种排放方式。工程涵盖水利、市政、岩土等多个专业，涉及水务、规划（海洋）等部门，涉及与前海高标准建设城区的景观衔接，是一个作用关键、交叉繁杂、边界条件复杂、实施难度大的工程，对保障整个深圳市污水系统的健康运行，以及保障"前海水城"水环境意义重大。

该项目具有三大特点：一是多水融合，即污水、再生水、中水、初（小）雨水、污泥的融合；二是多系统整合，即水系统、污泥系统、除臭系统及景观系统的整合；三是多出路结合，即深海排放、近岸排放和经廊道、前海湾排放三种出路的结合。

南山污水厂位于前海重要区位，设计定位应与前海总体规划相匹配，在满足基本治污功能的同时，挖掘其潜在的复合功能，同时，在确保正常运营的前提下，实现空间利用的最大化、最合理化，改变传统污水厂让人"敬而远之"的"地位"，使之成为前海办公、休闲、健身、

DREAM
QIANHAI
WATER CITY
前海水城梦

Water Centre Park

从污水厂到水公园

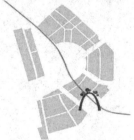

景观地标
LANDSCAPE LANDMARK

为前海建立一个新景观地标

Creating A Wonderful Landscape
Landmark For Qianhai

市民吸引地
CIVIC ATTRACTION

成为前海具备多样活动类型的市民吸引地

Creating A Civic Attraction With
Diverse Activities For Qianhai

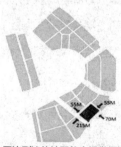

便捷连接
CONVENIENT CONNECTION

为周边到达的社区住户提供便捷的连接

Providing Surrounding
Neighborhoods An Efficient
Pedestrian System

水公园设计思路

从海绵城市到多维海绵 **系统解决城市水问题**

科普学习空间。

　　南山污水厂位于前海外边缘，距离大小南山约1千米，三面环河，是联系和丰富山、河、海、城生态绿廊的关键环节。目前，厂区绿化以道路两侧绿地形式为主，在空间的利用及绿化效果方面存在较大的提升空间；厂区绿地与周边绿地缺少空间上的联系，未充分起到必要的生态联系和延展作用。设计应充分响应前海绿地规划定位，挖掘和再造厂区生态资源，使其成为前海生态链上一颗璀璨的"绿宝石"。

　　从周边用地规划和建设情况分析，周边居住和办公区相对集中，但较缺少让市民就近休闲交流、健身、户外办公的公共空间，因此，可以污水厂改造为契机，改变目前厂区单一的功能，实现空间再造，营造集生态性、空间互动性、交通便利性于一体的城市公共活动空间，使之成为前海拥有创新精神的主体人群的户外办公室、灵感源、健康吧，响应前海总体城市定位，引领城市创新之路。

　　当污水处理厂完成向环境友好的城市水公园的绿色转型，标志着灰色基础设施和绿色现代城市的深度融合。

水公园设计总平面图

第三篇
无界梦想：城水同行新格局

"凡立国都，非于大山之下，必于广川之上，高毋近埠而水用足，下毋近水而沟防省。因天才，就地利，故城郭不必中规矩，道路不必中准绳。"

——《管子·乘马》

早在春秋时期，管仲就提出按照资源环境承载能力谋划城市建设的主张，尤其重视城市水系，认为建城宜选择依山傍水的地形，充分利用天然资源，凭借地势地利，同时要建设好城市的堤防和沟渠排水系统。今天，在系统解决了城市水问题之后，我们希望以生态为本，以水系修复规划优先为手段，构建多规合一的城市建设新思维，开创城水同行的新格局。

与城市共同生长的深圳后海中心河

第八章 水系先导，融多规合一

第一节 从多规合一到水系先导 〜〜

在长期的解决城市问题包括水问题的过程中，我们注意到一部分问题的产生来源于规划时的考虑不足。带着从解决水问题到促进水城融合的经验，为城市规划提出建议，以避免在未来的城市规划建设再走弯路。目前存在三个主要问题：

首先，在"分工"的道路上越走越远，难以实现系统性顶层设计的作用。我国经济社会快速发展的同时，政府应用规划等手段加强了宏观调控，各部门、各行业出台了多种规划，据不完全统计我国各类规划多达 200 种，法定规划超过 20 种，分别划归不同管理部门，互相之间形成犬牙交错的权责交叉，各自为政，互相之间难以衔接，导致土地开发无序、城市边界一破再破、各类规划布局和项目不统一等问题。

第二，偏离"举重若轻"的基本原则，基础把握不牢却要追求细枝末节的控制。在城市规划中，在前期"举重"，通过细致的调研工作、翔实的基础资料对建设现状进行评估，才能达到"轻放"的目的，通过论证确定空间规划中开发强度等相关指标及详细要求，保障规划目标的实现。而在目前规划阶段资料不足，指标空泛，导致在实施阶段规划审批难、项目落地难的情况屡见不鲜，大干快上、边规划边评估边建设、轻规划重建设是造成规划难以落地的罪魁祸首。

第三，在长期"以人为本"的导向中迷失，找不到未来城市发展的需求抓手。在 20 世纪八九十年代，所谓"以人为本"的城市规划更多是功能导向，即以通过人口和产业空间的布局，满足人民大众的衣食住行及其他生产生活基本需求为目的。然而进入新时代后，特别是经济较为发达、人口密度高的地区，在满足基本温饱问题的前提下，人地关系紧张、生态环境恶化，急需加强规划统筹和管理。

因此，在我国现行城市（空间）规划体系中，各个规划目标、内容、对象、期限和约束不尽相同，在任何一个部门都无法综合统筹的前提下，无论从中央战略统筹还是地方的转型发展的角度，重新审视并通过引导甚至行政手段强化集中规划的作用都是势在必行的选择。本节不再赘述中国的城市规划是如何从巅峰跌落，失去往日耀眼的控制力和地位的，而是从这些实实在在的现实问题出发，结合已经出台5年的"多规合一"，探索一条可以让规划重现它应有功能的道路。

一、"多规合一"概念的提出

2013年"多规合一"的概念正式出现在中国政府的工作文件[2014年3月国务院颁布的《国家新型城镇化规划》（2014—2020年）]，其标志性的话语是要"推动有条件地区的经济社会发展总体规划、城市规划、土地利用规划等'多规合一'"。

从文件中，大概可以读出20世纪末至21世纪初中国城市规划黄金期结束后，经历了接近10年的阵痛期，受到诸如"规划规划，墙上挂挂""规划就是鬼话"种种嘲弄，在痛定思痛中进行反思。

反思其实从20世纪90年代已经开始，规划师们对"两规"（城市总体规划和土地利用总体规划）之间指导性和约束力的不对等开展过相应的讨论，[20—23]自下而上地探讨两规融合的可能性。2003年国家发改委"三规合一"（国民经济和社会发展规划、城市总体规划及土地利用总体规划）在江苏、福建等省开展试点，党的十八大以来"一个市县、一本规划、一张蓝图"的规划指导思想和2014年纳入了环境部门的联合试点尝试，表明对"多规合一"工作的重视达到了前所未有的高度。

根据武汉大学钦国华等的研究，[24]CNKI数据库2006—2015年间的"多规合一"相关成果从时间上可以分为两个阶段，第一阶段为2006—2013年，此时国内"多规合一"的研究数量较少，期间年均发文量不足10篇。2014—2015年为第二阶段，自2014年国家出台一系列推进"多规合一"的政策后，相关研究数量迅速上升，2014年增加到76篇，2015年更是增加到 197 篇。

二、那些多规合一

从"'多规合一'的理论及实证研究"一文中，比较两阶段的文献关键词（见下表），可以发现："多规合一"的体系有所扩展，除"土地规划""发展规划""城乡规划"一直是研究热点外，"环保规划"也逐渐受到重视；"两规合一""三规合一"逐渐演变为"多规合一"。研究重点从"多规合一"的技术层面，如"编制平台""规划编制""GIS""分类体系"等，转向制度和政策层面，如"体制改革""部门利益""管理机制""公共政策"等。此外，"多规合一"的背景及演化（如"城镇化""发展历程"）、各地的实践经验、"多规合一"的内涵（如"规划协调"等），也是研究的热点问题。

近 10 年来国内"多规合一"研究文献高频关键词分布表

序号	2006—2013 年			2013—2014 年		
	关键词	频数	占比	关键词	频数	占比
1	三规合一	18	5.41%	多规合一	83	5.63%
2	土地规划	18	5.41%	三规合一	67	4.55%
3	两规合一	16	4.80%	土地规划	52	3.53%
4	城市规划	11	3.30%	实践经验	42	2.85%
5	规划体系	7	2.10%	城乡规划	40	2.71%
6	城乡一体化	7	2.10%	空间规划	26	1.76%
7	规划协调	7	2.10%	新型城镇化	25	1.70%
8	编制平台	6	1.80%	体制改革	24	1.63%
9	生态保护	6	1.80%	部门利益	22	1.49%
10	村镇规划	6	1.80%	空间管制	20	1.36%
11	建设用地	5	1.50%	国土空间	20	1.36%
12	国土资源	4	1.20%	规划协调	18	1.22%
13	规划编制	4	1.20%	管理机制	18	1.22%
14	发展规划	4	1.20%	发展规划	17	1.15%
15	GIS	4	1.20%	规划编制	16	1.09%
16	体制机制	4	1.20%	环保规划	15	1.02%
17	土地储备	3	0.90%	生态保护	12	0.81%
18	主体功能区规划	3	0.90%	城乡建设	12	0.81%
19	分类体系	3	0.90%	公共政策	12	0.81%
20	对策建议	3	0.90%	发展历程	12	0.81%

诚然，当前有关"多规合一"的内涵、各规划的演变、法律地位及相互间的协调等问题，在学者中还存在很大争议，仍处在一个百花齐放、百家争鸣的阶段。那么，在这 10 年发展过程中，从"三规合一"到"多规合一"，内涵、主旨有没有越辩越明、日渐清晰的轮廓呢？

三、从"发展"到"空间"

最早的"三规合一"中，三巨头是国民经济和社会发展规划、城乡规划以及土地利用总体规划。从重要性上说，国民经济和社会发展规划是计划经济时代的龙头规划，但进入市场经济时代后，作为主要确定城市经济和社会发展的总体目标以及各行各业发展的分类目标的一种综合发展规划，其目标性强、空间性弱；而城乡规划内容覆盖相对较多，目标要求和过程要求并立，兼具空间性、时间性和政策性，目前编制多单从地方利益及需求角度出发，自上而下的控制较弱；土地利用总体规划与城乡规划同具空间性、时间性和政策性，但更为强调对土地资源的保护，从供给角度编制规划，实施自上而下的控制，土地利用总体规划指标层层分解，控制性最强，反映到空间上与城乡规划的用地布局目前还存在一定差异。

三者在试点实践的博弈中统筹的结果是，国民经济和社会发展规划淡出合一的概念，"多规合一"开始重点解决同为"空间规划"的城乡规划和土地利用总体规划之间的矛盾——2015 年 10 月的十八届五中全会提出主体功能区划为基础统筹各类空间性规划（出自《中共中央关于制定国民经济和社会发展第十三个五年规划的建议》，原文为"以主体功能区规划为基础统筹各类空间性规划，推进'多规合一'"）。

四、从"合并"到"整合"

从空间角度明确了"多规合一"的控制方向后，在国务院文件中明确提出时的为首的规划就变成了总体规划、城市规划和土地利用规划——这也是最初自成体系的三个位面的空间规划。

总体规划代表顶层设计，城市规划代表（城市化）发展方向，土地利用规划则体现为约束手段。2015 年以来，北京及此前上海、深圳和广州等市的规划和国土部门整合工作，也是三规融合的具象表现——一方面遵从 2015 年底召开中央城市工作会议提出 "有条件的地方可以尝试地方国土资源部门与城乡规划部门合一"的建议，深化改革简政放权；另一方面也确实是通过整合部门来直面市场经济以来，城市规划中最严重的权责交叉问题。

之后，根据矛盾冲突的激烈与否，陆续加入"多规合一"的有环境规划、交通规划、旅游规划和产业规划等专项规划。如果说在"两规"后期，是土地规划和城市规划的"东西风"博弈，那么在越来越壮大的"多规"家庭中，"家长"的重要性就越来越凸显出来，从各个试点的多规历程来看，多规互相之间也不能再简单相加，而是分层次的有机整合，而其根本目的，则是实现空间发展和空间治理转型。

五、新的问题

2003 年以来的"三规合一""多规合一"实践根据时期的不同各具鲜明特点：早期探索中依靠单个部门的推动，进行了理念方面的探索，很难调动其他部门的积极性，地方政府改革的意愿也不太强烈，所以很难取得实质性效果。

后期试点实践期较为发达的特大城市和地区，是一种"自下而上"向国家部委争取空间管理政策和权限的过程，可以看到各地从编制方法、过程管控、明确目标和联动实施方面分别做了尝试。但目前仍在一些机制和配套政策改进方面，面临一些法律和制度上的障碍，也无法得到相关部委的正面呼应，这种自发的规划融合探索取得效果存在着一定的局限性。

显而易见，这场"自上而下"的授权式改革，旨在从市县层面探索推动经济社会发展规划、城乡规划、土地利用总体规划、生态环境保护规划"多规合一"，形成一本规划、一张蓝图的经验，为国家空间规划体制改革凝聚共识。但摸石头过河的结果变成了小马过河，一方面国家层面只有试点通知安排，尚无成熟法规和技术标准指导，因此大家均处于探索研究状态，从实践中分析，各个试点之间也缺乏共识性的定义、统筹性的手段、结构性的方法，在一定程度上也导致了中央配套政策的犹疑；另一方面多规叠加直接发现了各种差异矛盾问题，且发现的诸多问题本级政府乃至上级也无法解决或难以解决，涉及法规体制层面的问题更高层面也难以马上解决，同时诸多技术路径方法显然过于迁就于现状，没有真正体现落实主体功能区战略，对空间的科学有效管控约束显然不足，所以第一阶段的试点仿佛走入了死胡同。对于"多规合一"至今仍不能称为一个完整的理论体系，而在所谓"自下而上"的抗争中，多的是理念渐渐沦为一种规划的手段，甚至如"光辉城市"等因为时代局限性已经退出了城市规划舞台——为了避免这种情况的出现，"多规合一"迫切需要一个抓手。

"重点针对资源环境承载力和社会治理支撑力相对不足等问题，集成应用污水处理、废弃物综合利用、生态修复、人工智能等技术，实施资源高效利用、生态环境治理、健康深圳建设和社会治理现代化等工程，统筹各类创新资源，深化体制机制改革，探索适用技术路线和系统解决方案，形成可操作、可复制、可推广的有效模式，对超大型城市可持续发展发挥示范效应，为落实2030年可持续发展议程提供实践经验。"

在2018年2月24日《国务院关于同意深圳市建设国家可持续发展议程创新示范区的批复》中，对于第一个为城市规划立法、第一个法定图则覆盖全市、第一个将土地规划统一管理、第一个尝试近期规划和年度计划、第一个碰到土地资源紧缺无地可建、第一个划定基本生态线和永久生态用地的深圳，国务院再度提出要通过资源回收利用、生态环境治理、健康深圳建设等来走可持续发展的道路。那么因"科技之城"成功转型、因"花园城市"享誉世界的深圳，作为超大型城市可持续发展创新示范区，用什么抓手来推动新的一轮"多规合一"呢？

六、水系引领

经历了10年"多规合一"的实践探索，面对"超大型城市可持续发展示范"的新要求，深圳的答卷赫然已经完成了一半：福田河边福田融水，暗渠复明罗湖焕新，茅洲河首现不黑不臭，龙岗河带动水润龙岗。水清、岸绿、景美、人聚。随着更多河流水系重见天日，更多水岸空间宜人重塑，更多滨水区域产业焕新，碧水和蓝天共同成为深圳亮丽的城市名片。

那么对于如何寻找"多规合一"的抓手，答案是什么呢？那就是水系先导下的"多规合一"。

工业化、城市化加速人类社会发展，人口、社会财富在近百年经历了以前数个世纪都未达到的增长规模。城市在19世纪工业社会的"卫生危机"之后再度遭遇"聚集危机"。近两百年通过规划辗转腾挪的空间面对膨胀的人口越来越无力——分工越来越细，交叉越来越多，控制力却日渐下降，甚至于导向也越来越模糊。为"多规合一"和城市规划明确核心、抓手已是迫在眉睫，通过水系引领城市的重生，城市规划、"多规合一"的重生已是刻不容缓。

水库、溪流、输水管渠等水系是城市的血脉，土地是城市的皮肤，而城市中的人，皆是毛发——血、皮不存，毛将焉附？确保血脉和皮肤健康是人存活的基础，那么城市的健康发展，也离不开健康的水脉和土地。这里的关键问题是，为什么抓手是水系而不是土地呢？简单地说土地为抓手的导向性规划已走入死胡同似乎难以服众，我们还需要从空间规划的本质和过程讲起。

以土地、道路、环境为抓手的空间规划，其本质就是对相应空间的统筹部署和安排，并对其实施有效管控的方式和过程。那么受规划范围所限，明确空间规划的对象为国土空间，其具有唯一特性。这里国土空间是指国家主权与主权权利管辖下的地域空间，是国民生存的场所和环境，包括陆地、水系、领海、领空等。而土地导向规划百年来发展的基础条件在于规模效应——城市面积持续性地扩大、土地相应地增长，为进一步的空间梳理、管控提供源源不断的资源。那么当城市土地难以为继，不能无限制地增长下去时，土地导向的规划就面临三个难题。

怎么解决空间发展极限？ 当传统的人口 / 土地模型向你展示高达 1.7 万人 / 平方千米的人口密度（世界第五位）时，你仿佛看到空间人口的极限。然而如果转换一种说法：这座城市的万元 GDP 水耗仅为 10.22 立方米（约占全国平均值的 13%），你看到的是一座更有活力和前景的城市。

怎么实现先污染后治理？ 土地无法成为治理污染的标杆，比如我们很难去量化不同用地性质的碳排量——然而新加坡的浅表流水系案例告诉我们，当同一片天地接纳的雨水水质和排放水质都能很容易地监测且达标，那对城市的治理就是有成效的，生态支持水平、文明享受水平等城市的质量表征就是理性的。

如何确定城市发展目标？ 10 年前深圳的城区面积近 2000 平方千米，现在城区面积依然是 2000 平方千米，当然谁都无法回答 10 年后深圳的城区面积是否还是 2000 平方千米——因为政策是无法预测的——但至少在这 2000 平方千米上，径流 / 降雨控制率、污水 / 污泥处理率、碳排放等指标维持在稳定的标准，自然社会复合系统得到能动的、可持续发展的调和，符合公平性、持续性、共同性的基本原则，那么城市的发展就是健康的、生态的。

如果没有 10 年前深圳在城市发展道路上先知般地拒绝重工化工，拒绝继续走规模经济粗放规划的道路，毅然开始产业创新的尝试，那么积重难返的环境可能不是现在大家激烈讨论四个难以为继后应该探索怎样的发展道路，而是可以预见让这个城市早已深陷类似北京"雾霾围城"的环境困境，黑臭水体的数量不是现在的十几条而是几十条、几百条，随之而来的人才流失、财政困境会扼杀这座城市的未来。然而没有如果，现在摆在深圳面前的，是一条以水系引领的康庄大道，治水提质、治水十策、建设海绵城市，在水系先导下，寻找土地、交通、产业的可持续发展之路，并通过"多规合一"的手段合成一张蓝图，一以贯之地落实、监督。就像理查德·瑞杰斯特在《生态城市伯克利》里说的，"我们将会看到一个健康的未来生态城市"。

第二节　首探水系先导下的城市规划建设新思维

开发用地与水安全在城市化过程中往往是互相制约的关系，然而科学合理的水系布局规划不仅可以规避区域地形劣势、充分发挥水系的防洪排涝功能、实现水环境自净，而且可以优化城市土地格局，通过高品质的滨水生态环境提升土地利用价值。

一、大空港规划背景

珠江三角洲地区正面临国际产业的新一轮转移，产业空间布局的调整与产业结构的优化升级势在必行。目前该区域内已经或者正在开展的新城市规划就包括广州南沙、珠海横琴、深圳前海、东莞长安新区等。深圳经济特区建立 30 多年来经济社会持续快速发展，然而在新的社会发展环境下，面临着人口、土地、资源和环境"四个难以为继"的矛盾。根据深圳市规划国土资源委员会相关资料显示，目前深圳可利用的土地仅占全市总面积的 2.23%，高达 47% 的开发强度已经超过了香港。无论从可供开发的土地持有量，还是从对现有土地的开发强度来看，土地资源已成为制约深圳市经济发展的主要瓶颈之一。

为缓解土地与社会发展的矛盾，《深圳市国民经济和社会发展第十二个五年规划纲要》制定了"主攻西部、拓展东部、中心极化、前海突破"的发展策略。其中特别提到加快西部填海工程，推进大空港建设。在深圳市"十二五"规划 60 个重大项目中，大空港作为战略规划区域位列第二。大空港地区的规划发展符合深圳未来长远发展的要求，有利于进一步发挥空港的辐射带动能力，拓展深圳发展空间，加快转变经济发展方式，对珠江东岸沿线发展具有重要意义。

围绕大空港规划建设已开展了一系列前期规划研究工作，包括《大空港地区综合规划》《深圳市西部大空港新城区域建设用海规划》《深圳市西部填海区填海综合规划研究》等。该系列规划提出构筑海、陆、空立体化的区域交通枢纽体系，重点发展空港服务、商务会展、高端制造等产业，逐步形成与香港一体化的国际性枢纽城市。针对水系生态环境建设提出了"海陆统筹的生态格局"的框架，包括保护交椅沙、茅洲河双通道入海、岛式围填海、建设截流河、保留西海堤外咸淡水湿地等构想。另外，针对茅洲河口形态改变的治导线研究和茅洲河界河段水环境综合治理工作也正在开展。

二、水系演变与问题

深圳大空港地区主要包括沙井、福永的西部滨海地区，作为前海深港现代服务业合作区的延伸拓展区、宝安的新功能区、加强深圳与东莞合作的示范区，旨在提升深圳经济特区的辐射带动力和可持续发展能力。大空港地区也是深圳最后可供开发建设的海岸线段，通过围填海创造了近58平方千米的建设用地。截至2015年，大空港地区已经完成大部分填海造地工程，均采用保留现状平行水系网络的"凸堤式"填海模式。

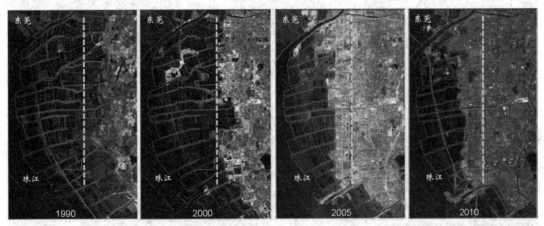

深圳大空港新区片区水系演变

纵观整个填海区，下涌以北区域地势普遍低洼，地面高程仅有1～2米，属于受涝多发区域；下涌以南区域地势较高，多数区域高程在3米以上，仅局部区域低洼，高程在2.5米左右。片区内密布受涝区，治涝工程不系统。片区内水质较差，水环境整治工作也迫在眉睫。

规划大空港新城土地来源于对现状鱼塘区的土地整备和西海堤外侧滩涂的填海造地。其中不仅提出了"多区块组团式"的填海方案，而且对水系形态和布局提出了初步的规划。但上述规划主要对大空港总体用地进行了规划，并未对规划水系布局进行深入系统的研究。

借鉴在深圳前海、后海围填海过程中总结的经验和教训，在区域规划前期开展了针对大空港新城的水系专项规划研究，保证大空港新城开发中城市防洪（潮）排涝安全不造成影响，缓解对河流生态环境的冲击，使城市发展战略与生态环境可持续发展相匹配。

三、水系演绎与优化

大空港水系研究范围东至松福大道，规划面积约为 29 平方千米，其中约 9.6 平方千米为现状建成区，另外承接了上游约 28 平方千米的流域汇水。根据区域内现状水系河涌众多的特点，并参考"多区块组团式"的填海方案，可以设计出凸堤式、离岛式和混合式三种水系形态。

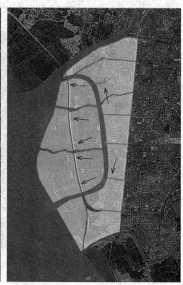

凸堤式填海——平行水系　　　　　离岛式填海——环形枝状水系　　　　　混合式填海——环形网状水系

不同填海模式水系形态对比

1. 凸堤式水系形态

在不改变现状水系基本河势的情况下，沿现状各河涌基本走向填海造地，向珠江口延伸3000～5000米至规划边界，令每条河涌都保持独立的功能。凸堤式水系的河网密度为 1.3 千米／平方千米，高于珠江三角洲地区的平均值 0.85 千米／平方千米。该水系形态对现状河涌的河势改变较小，而且规划河道总长较长，可创造总体较密集的河岸空间。

但是，这种形态下，开发地块遭到严重割裂，不仅影响道路交通和市政管线的规划，而且平面不规则延展，不利于土地的整合利用。虽然每组地块的雨水排水距离都不超过 500 米，有利于新建城区排涝工程的布置，但维持现状河涌的形态未对中上游旧城区的易涝问题的解决做到统筹考虑。另外，由于该形态下河网密度较大，规划整治河道总长约 38 千米，建设工程投资和后期管理费用相对较高。

2. 离岛式水系形态

通过新设截流河使新城进行离岛式开发，缓解对建成区排水的不利影响。截流河的线位从现状的茅洲河口由北向南，依次穿越德丰围涌、石围涌、下涌、沙涌、和二涌、沙福河、塘尾涌、和平涌、玻璃围涌和四兴涌，然后向西通往珠江口，总长 8.5 千米。截流河东侧的和二涌、塘尾涌、和平涌和四兴涌在进入连通渠之前就近归并整合到其他河涌。截流河穿越各河涌中游部分，对旧城区排涝的改善十分有利，而且用地条件较理想，沿线只有零星的建筑物，征地成本相对低，比较容易实施。

该水系形态下河网密度为 0.6 千米 / 平方千米，相对较小，需整治约 18 千米的河道，建设工程投资和后期管理费用相对较低。而本方案的劣势在于，截流河以西新建区由于缺少河道，导致雨水排水距离较远，超过 1500 米。此外由于截流河较长，中段易产生较高壅水。

3. 混合式水系形态

在离岛式水系形态的基础上，在截流河西侧利用现状的下涌和塘尾涌，在东西向上分别设置连通截流河和珠江口的河道，本规划称为北连通渠和南连通渠。其中北连通渠长度约 2.1 千米，南连通渠长度约 3.12 千米。

该水系形态下河网密度为 1.0 千米 / 平方千米，相对于珠江三角洲地区平均水平略大。混合式水系形态综合了凸堤式和离岛式的优点，既保证了土地利用空间的规整，又使雨水排水距离不超过 700 米。此外东西向两条河道的设置为截流河中段提供了更多的通路。该形态下需整治的河道约 23.1 千米，建设工程投资和后期管理投入相对适中。

通过下页表综合比较三种水系形态的优缺点，可见混合式水系在对城市空间形态的塑造、水务需求、工程投资等方面最为理想，最适合大空港新城区的需要，因此水系的综合布局以混合式形态为基础进行设计。根据最适合该区域的混合式水系形态，在新设截流河与南北连通渠的基础上，结合现状情况，增设南北两个人工湖以及一条中央生态湿地带，形成"两纵、两心、四横"的综合水系格局。

从统筹水务功能的角度，此水系布局不仅完全适应新建区域的防洪、排涝、水质保障等体系的建立，而且有利于解决旧城区的洪涝问题。从优化土地利用角度，利用截流河整合现状河

水系形态综合对比分析表

项目	凸堤式	离岛式	混合式	备注
水系面积（平方千米）	2.21	2.25	2.51	基本形态下
河网密度（千米/平方千米）	1.3	0.6	1.0	珠江三角洲平均值为0.85
城市空间形态	可创造最大化的河岸空间，开发地块严重割裂，空间形态差，难以区隔新旧城区	河岸空间不足；有利于开发地块整合利用	可创造最大化的河岸空间，有利于土地整合利用并提升土地价值；可灵活设置调度系统提高河网水动力	——
区内市政排水	一般排水距离不超过500米，有利于就近接入	一般排水距离超过1500米，不利于就近接入	一般排水距离不超过700米，有利于就近接入	——
对上游防洪排涝影响	按照现状自然延伸河道，各河涌在截流河位置最高水位为2.99米	按照截流河开口100米控制，各河涌在截流河位置最高水位为2.89米	按照截流河开口100米控制，保留下涌、沙福河，各河涌在截流河位置最高水位为2.86米	对应20年一遇潮位（外江潮位2.78米）
工程投资	需整治约38千米的河道，建设工程投资和后期管理费用相对较高	需整治约18千米的河道，建设工程投资和后期管理费用相对较低	需整治约23.1千米的河道，建设工程投资和后期管理费用适中	基本属于软基条件

涌提升了土地利用的效率，并且丰富的自然生态元素提升了土地的价值。从生态人文的角度来看，生态河道、南北湖、湿地的布置对于促进塑造优秀的城市景观、增强居民的公共参与性有重要价值。

应用离岛式填海模式，构建混合式水系布局，探索水系先导下的城市规划建设新思维，大空港新城的美好蓝图正在落地。而在深圳坝光生物谷、深汕合作区及江西鹰潭、丰城等地，水系规划也在影响着城市规划格局。

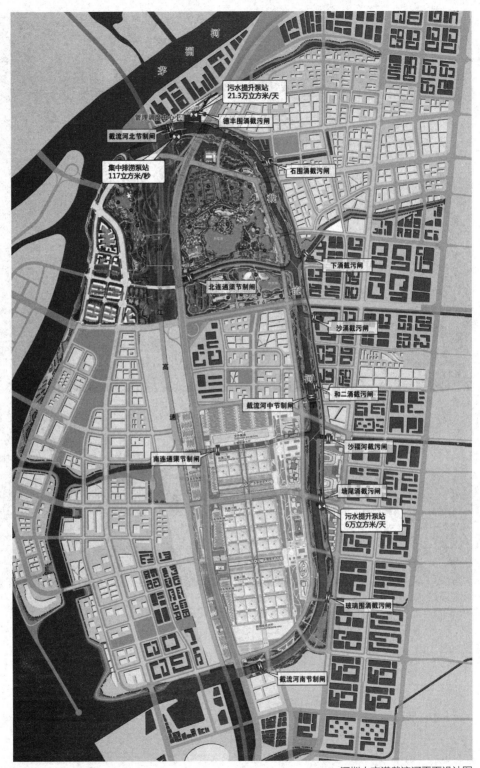

污水提升泵站
21.3万立方米/天

管理调度中心圈

德丰围涌截污闸

截流河北节制闸

石围涌截污闸

集中排涝泵站
117立方米/秒

下涌截污闸

北连通渠节制闸

沙涌截污闸

和二涌截污闸

截流河中节制闸

沙福河截污闸

南连通渠节制闸

塘尾涌截污闸

污水提升泵站
6万立方米/天

玻璃围涌截污闸

截流河南节制闸

深圳大空港截流河平面设计图

截流河设计效果图

截流河北枢纽设计效果图

第三节　基于浅表流雨水收集系统的"多规合一"优化方案

深圳大空港新城探索了以水系格局为先导的城市规划建设新思维，而江西省丰城市龙津洲新区对于"浅表流雨水收集系统"的引入实现了城市排水体制的创新突破，优化了原城市规划的格局。

一、浅表流雨水收集系统

新加坡属于热带海洋性气候，雨季丰沛，但新加坡很少出现被水淹的情况，这主要归功于其先进的排水系统。在新加坡的人行道上有很多沟盖，这些都是用来排水的。这些大大小小的明渠、沟壑星罗棋布，形成了城市排水、蓄水的网络，这样的排水渠遍布新加坡，足以应对正常雨量下的排水问题。究其原因，主要是因为新加坡绝大多数公路的旁边都会有一条很大的排水沟，另外新加坡绝大多数的房前屋后的排水渠都修得很好，这些水渠和城市的主要排水系统相连，保证了雨水能及时地排出去。

新加坡浅表流雨水收集

二、龙津洲水系规划

江西省丰城市龙津洲新区规划面积约 1355 公顷，区域内水系以点状的湖泊为主，水系面积大小不一，主要水系包括莲花水和皮湖水，但未形成水网，不能承担其排水功能，其中规划绿地与广场用地（含水面）约 224 公顷（占 16.5%）。凭借新规划的绿地、路网、水系以及丰富的水体资源，使得在龙津洲新区效仿新加坡新建一套浅层排水系统成为可能。

以莲花水生态廊道、龙津湖排洪河及现有水系为骨架，拉通一条城市生活水廊道，在龙津洲新区形成多功能河道水网的水系布局。

一级水系为生态水廊道和行洪水廊道，二级水系为引补水河道和连通截洪河道，三级水系为地块周边的浅表流雨水沟。

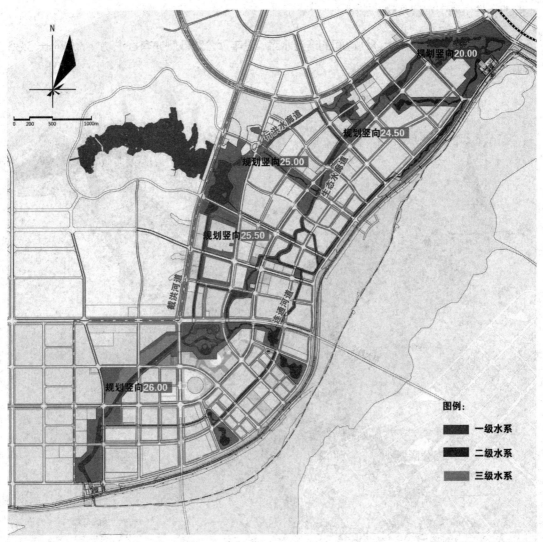

龙津洲新区水系功能布局图

（1）生态水廊道：为现状莲花水贯通形成，首尾连接蔡家排涝泵站和龙头山排涝泵站，龙头山水利枢纽建成蓄水后，上游从蔡家排涝闸进水，流经龙津洲新区，从龙头山排涝闸排放至枢纽下游，河长 8.75 千米。

（2）排洪水廊道：为现状龙津湖排洪河，上起龙津湖溢洪道下河道，将洪水排放至龙头山湿地，河长 4.32 千米。

（3）引补水河道：为新建水廊道，尺度比一级水廊道小，从蔡家排涝闸入口取水，通过龙津洲规划核心区后，沿赣西大堤堤脚汇入龙头山湿地，河长 7.98 千米。其功能为城市生活水廊道，提供城市水景及戏水空间。

（4）连通截洪河道：上述河道间的连通水系，沿丰厚公路低侧亦有截洪功能，总河长 6.36 千米。

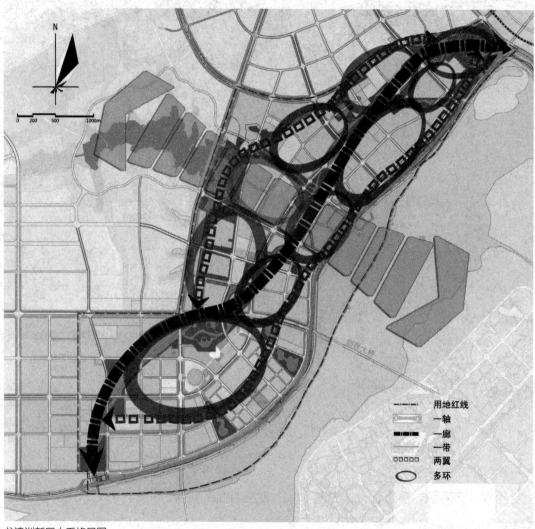

龙津洲新区水系格局图

从海绵城市到多维海绵 **系统解决城市水问题**

（5）浅表流雨水沟：尺度最小，多为 0.5 ~ 1.5 米宽，0.5 米深的生态草沟沿地块周边及道路边缘布置，总长度为 33.44 千米。功能是为建成区排水，汇入最近河道水体。

三级水网的布置，从格局上看在龙津洲新区形成了"一轴一廊一带两翼多环"的水系格局。一轴指的是龙津湖至赣江之间的景观廊道；新增的一条南北向的水廊道既是生态补偿廊道，又是景观主廊道；景观主廊道两侧南北向的水系通廊构成两翼；一二级水系围合构建出多个滨水绿环。

以水系为基本元素构建城市景观空间格局，旨在保护城市生态基底，保留城市初始记忆；完善城市生态、景观、休闲等综合功能，展示龙津洲生态水城的城市风貌和品位。

为解决龙津洲新区的排涝问题，设计考虑将浅表流支渠作为莲花水廊道、湿地以及湖泊之间的连通，并作为新城区排水骨干通道体系，在保证河道行洪安全的情况下，支渠平面布置曲线顺畅，将河道走向与绿地、路网规划相结合，做到统筹规划、节约用地。实现水系的流域化，可以充分利用河道的蓄水排洪功能，提高抗洪排涝能力，降低片区防洪排涝安全存在风险；同时也增强了水体间的交换，并利用现状湿地进行水体的净化，保障了河道水质。除了通过浅表流支渠进行莲花水廊道、湿地以及湖泊之间的连通之外，在赣西防洪堤北侧利用规划绿地新开挖一条浅表流支渠，该支渠通过闸门与莲花水廊道上下游衔接，一方面作为赣西防洪堤坡脚排水以及新区雨水排放河渠，另一方面作为莲花水廊道的一条支流供鱼类洄游。

在完善主体水系构架及支流水系网络的基础之上，对新区雨水系统进行设计，遵循"雨水就近排河"的原则，一方面由于新区规划用地竖向高程较为平缓、标高较低，新建雨水管可能存在入河标高较低，而不能满足赣西新城区片排涝标准的情况。另一方面初（小）雨存在一定的污染负荷，雨水径流通过管道直接入河会对河道产生污染；结合规划区内水面率较高的优势和新区绿地、路网规划，在新区建立生态排水沟体系，进行雨水收集和雨水水质改善，雨水采用分散就近排放原则，以自排为主、强排为辅，尽可能缩短生态排水沟长度，减少汇水面积，就近排入规划水系。

浅表流雨水收集系统的引入是水系先导下的城市规划的革新，是促进人工和自然和谐的一项重要突破。

第九章 人工生态，街区水系统

第一节 从自然生态到人工生态

生态系统指在自然界的一定的空间内，生物与环境构成的统一整体。在这个统一整体中，生物与环境之间相互影响、相互制约，并在一定时期内处于相对稳定的动态平衡状态。生态系统类型众多，一般可分为自然生态系统和人工生态系统。自然生态系统还可进一步分为水域生态系统和陆地生态系统。人工生态系统则可以分为农田、城市等生态系统。

一、自然生态系统

生态系统由无机环境和生态群落组成。无机环境是生态系统的非生物组成部分，包含阳光、水、无机盐、空气、有机质、岩石等构成生态系统的基础物质。生态群落包含生产者、消费者和分解者：生产者为主要成分，在生物群落中起基础性作用，它们将无机环境中的能量同化，维系着整个生态系统的稳定；消费者是指以动物、植物为食的异养生物，包括了几乎所有动物和部分微生物（主要指真细菌），它们通过捕食和寄生关系在生态系统中传递能量；分解者将生态系统中的各种无生命的复杂有机质（尸体、粪便等）分解成水、二氧化碳、铵盐等可以被生产者重新利用的物质，完成物质的循环。

无机环境是一个生态系统的基础，其条件的好坏直接决定了生态系统的复杂程度和其中生物群落的丰富度；生物群落反作用于无机环境，生物群落在生态系统中既在适应环境，也在改变着周边环境的面貌，各种基础物质将生物群落与无机环境紧密联系在一起。生态系统各个成分的紧密联系使其成为具有一定功能的有机整体。

二、人工生态系统

人工生态系统是指参照自然生态系统的结构和功能，在自然或半自然生态系统的基础上，针对人类的某种或几种需求建立的，由人为控制运行或受人类强烈干预的生态系统。城市本质上是最复杂、最宏大的人工与自然的混合巨系统，它与周边的社会、自然环境密不可分，并且后者是城市本身健康与可持续发展的重要基础。[25] 与自然生态系统相似，在人工生态系统中也存在生产者、消费者和分解者：人类是人工生态系统中的消费者；山水林田湖是生产者，为人类提供生态必需的空气、水、食物，城市污染处理系统就是分解者，是物质能量循环的重要环节。

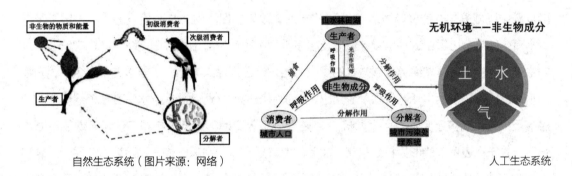

自然生态系统（图片来源：网络）　　　　　　　　　　　　　　　　人工生态系统

从罗马俱乐部的《增长的极限》到盖地斯的《进化的城市》，人类聚居地——城市的生态良性运行和发展逐渐成为有识之士关注的焦点，城市的空气、水体、土地、动物、植物、建筑、道路、设施，甚至社会秩序和社会风气之间相互输入、输出作用以及内在联系作为新的"城市生态系统"概念被提出和研究，旨在建立减少依赖、低碳循环、自我削减的人工生态系统（Artificial Ecosystem）。

三、人工水生态系统

传统城市规划理论思想只停留在纯粹的物质空间层面，在解决错综复杂的现代城市问题中面临巨大挑战。中国的城市化进程从改革开放以后迎来飞速发展。经过 40 年的发展变迁，中国人口的城镇化率从 1978 年的不足 18% 迅速发展到 2017 年的 58.52%，达到世界城镇化的平均水平。据专家研究表明，当城市化水平达到 30% 之后，城市人口拥挤、交通拥堵、环境污染、卫生恶化、犯罪率激增等一系列城市问题开始显现，尤其是当城市化水平达到 50% 左右时，这些问题更会集中爆发。[26]"城市病"在开展城镇化的国家都不同程度地存在着，其本质是城市的发展速度和扩张规模超过了城市资源、环境所能承受的最大负荷而产生的一系列经济问题、社会问题和生态问题。[27]受先发展后治理的模式影响，我国城镇化建设的巨大成就是以环境污染和生态恶化为代价的，据估计流经城市的河流 90% 以上都受到了不同程度的污染。现行的以部门、地区、功能分割为特征的水管理体制导致管理中水与土分离、水与生物分离、水与城分离、排水与给水分离、防洪与抗旱分离，与城乡水系统作为一个连续的有机体背道而驰。[28]

中国的城镇化决定着中国的未来和世界的城镇化进程，而中国的资源环境保障程度又直接影响着中国城镇化的速度与质量。[29]党的十八大以来，保障生态文明建设的永续发展、坚持绿水青山就是金山银山的顶层设计，以及建设美丽中国、统筹山水林田湖草系统、实行最严格的生态环境保护制度和绿色发展方式的国家战略方针已经深入人心。王浩总结了当今中国面临的水环境问题，包括水资源供需矛盾突出、地表水与地下水污染严重、水生态系统退化严重、极端天气与洪涝灾害频发等巨大危机。[30]随着城市人口的不断增长与城市建设区域的不断扩张，水生态环境保护的形势将会愈加严峻。仇保兴提出水的问题已成为我国最大的民生问题和生态文明建设最大的挑战，未来 20 年将是我国水污染加剧的时期，也是生活与生产用水量扩张和有限水资源冲突最激烈的时代。[31]俞孔坚指出水环境与水生态问题是个跨尺度、跨地域的系统性问题，解决城乡水问题必须把研究对象从水体本身扩展到水生态系统，通过生态途径对水生态系统结构和功能进行调理，增强生态系统的整体服务功能。

近代城市规划重要功能之一就是控制大城市，引导大城市健康发展。[32]我国传统城市规划体系存在着城乡规划、国民经济和社会发展规划、土地利用总体规划、生态环境保护规划之间分治和缺乏有效衔接的弊端。前面的城市规划理论集中探讨城市土地利用方式与人居环境建设，却忽略了城市无限扩张对于城市内部与周边自然生态系统的破坏与摧残。为了化解快速城市化导致的人地关系危机以及由此引发的社会问题，俞孔坚提出了"反规划"的规划理论，通过强制性地限定不发展区域（农田、湿地、森林、水域等）划定城市发展的生态本底，从而保障城市安全、提升生态服务、优化功能结构、提升城市特色。[33]

2012年，"海绵城市"的概念首次被提出，它是适应于中国复杂的地理气候特征而被提出的，通过绿色生态基础设施结合灰色市政基础设施，并融合了当代国际先进的雨洪管理技术和生态城市思想而形成的理论、方法和技术体系。[34] 仇保兴总结了海绵城市的本质是改变传统城市破坏自然环境的高强度土地开发建设理念，通过顺应自然、与自然和谐共处的低影响发展模式，实现人与自然、土地利用、水环境、水循环的和谐共处的协调发展。[35] 至此，城市水系统自然生态系统开始逐渐在城市规划体系里受到关注与重视，绿色基础设施与灰色基础设施相衔接的研究，以及水生态环境规划落实的法治化途径开始逐步建立。

人工生态系统的平衡是城市可持续发展的必要基础，水作为一个重要元素贯穿始终。史蒂夫·帕卡德在还原芝加哥伊利诺斯大草原的生态系统的工作失败后哀叹："（大自然）创造一个生态系统往往要经过数百万年。"自然生态系统的建立，是在漫长的时间中，合适的物种按恰当的顺序出现，在恰当的时间消失，其复杂的组合过程是循序渐进而非一蹴而就的。城市生态系统也是如此，见微知著，城市水环境生态的治理和改造也需要一个按部就班的过程。

第二节　构建以安全健康为导向的全域

人工水生态系统

改革开放 40 年间，深圳市经历了从小渔村到国际化大都市的翻天覆地的变化，而深圳的水环境和水生态也随之经历了一条典型的"先污染，后治理"的道路。

一、可持续发展的要求

经过 40 年的高速发展，在经济的持续健康增长难以为继，土地、空间有限难以为继，能源、水资源短缺难以为继，环境承载力严重透支难以为继的基础之上，深圳的城市发展空间已经严重透支，面临生态承载力耗尽、发展难以为继的困境与危机。针对水生态环境来说，深圳城市水源储备安全存在隐患，水库大坝边坡监测潜在风险巨大，水资源联合调控能力不足；水环境质量恶劣，污染处理能力存量和增量不堪重负；水土流失严重，土壤污染与底泥淤积堪忧；城

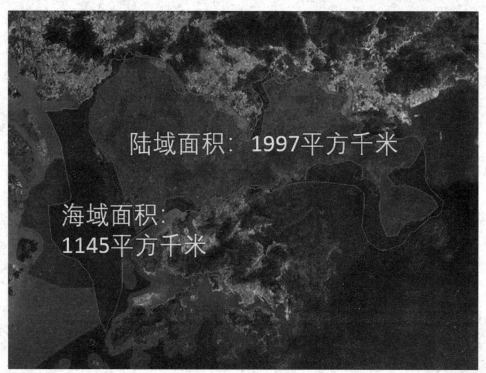

陆域面积：1997平方千米

海域面积：
1145平方千米

全域人工水生态系统范围

从海绵城市到多维海绵　**系统解决城市水问题**

市化建设填埋侵占河湖水系，导致城市内涝风险急剧增高。

为了实现深圳生态环境治理显著改善的可持续发展目标，我们基于《深圳市可持续发展规划（2017—2030年）》，提出了以构建健康水系统为导向的"全域人工水生态系统"的战略思路。全域人工水生态系统是介于自然水生态系统和人造水生态系统之间的人工干预型水生态系统，干预类型包括气候条件和土地利用类型的改变，以及城镇化与基础设施建设带来的环境变化。全域人工水生态系统的愿景是针对城市中受损的陆域与海域生态系统，通过全域统筹和多层次的生态设计，消除人类破坏行为，增强城市生态承载力与自然调控能力，形成具有综合生态系统服务功能的新型生态系统。

二、全域人工水生态系统

未来的全域人工水生态系统将涵盖健康水环境建设的三大基底系统和两大链接系统。具体来说，前者涵盖了水资源新格局、水处理新格局和水土统筹新格局，它为保障城市的健康可持续发展提供强有力的工程技术手段；后者涵盖了水城共建新格局与水路共生新格局，它通过低冲击的开发模式将城市的灰色基础设施建设与自然的绿色生态廊道进行耦合，形成最小干预下的最优开发建设模式。

首先，水资源新格局的核心目标是建立水资源规划的新观念和水资源调配的新思维，从传

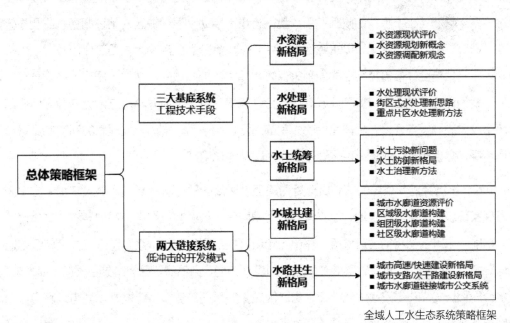

全域人工水生态系统策略框架

统只考虑生产、生活用水的水资源观向生产、生活、生态用水并重的新观念转换。面对现状水资源极度匮乏与未来水资源巨大需求之间的悖论，水资源的规划革新将生产、生活用水从"以需定供"向"以供定需"调整，而生态用水将以"内水内用"的形式通过"入山—入林—入园—入河"的海绵思维全面补水。要实现创新的水资源供给目标，我们将建立多目标的水资源优化配置网络，通过建立水量水质耦合模型，解决复杂水源系统的可扩展性和通用性问题。

第二，水处理新格局的核心目标是在妥善解决存量水污染问题的基础上，可持续地解决未来新增人口带来的增量污染问题。建设三位一体的水处理设施——旁路高效湿地（Bypass-Efficient-Wetland, BEW），在实现河道水质提升的同时，拓宽行洪空间，消除防洪安全隐患，满足亲水游憩体验。通过建立"街区水系统（BWC）"的创新模式，实现从强调集中的城市污水处理观念向相对分散的街区水系统综合利用观念的转换。面对未来污水处理能力和污水管网覆盖率严重不达标，以及污水处理设施利用率参差不齐和资源分配不均衡等问题，水处理新格局提出了"重点片区、自我消解""高效改造、平衡资源"以及"分散处理、街区排水"的全新方式。为此，我们将建立"雨水收集处理—水质水量监测—水系统预警"一体化的街区式水处理系统，用于提高雨水资源化利用率、解决城市内涝问题，并实时上传上报处理数据和设备运行情况，实现远程控制和低成本运营。

第三，水土统筹新格局的核心目标是通过构建生态敏感区的水土立体防御系统，加大城市径流雨水源头减排的刚性约束，优化城市生态格局，构建垂直梯度和水平尺度的城市立体生态网络体系。根据"土十条"的政策指引，我们将重点启动水源保护区的土壤调查、监测与修复工作，通过以小流域为单元，以水源保护为中心，以治理面源污染为主要工作内容，以生态优先、人工治理与自然修复相结合的原则来保障水库水源地周边的自然与人居环境的安全提升。此外，我们还将通过土壤修复和清淤疏浚等综合技术，将海湾污泥与河流污泥资源化地应用于城市市政设施开发与建设，具体包括脱水后的海沙可用于污泥堆岛，处理后的河流底泥可作为河岸带绿化建设用土，或者无害化处理后作为园林绿化用肥。

第四，水城共建新格局的核心目标是构建通山达海的城市水系廊道、链接滨水生态资源，统筹保育环境敏感区与栖息地、建立连续的游憩网络、鼓励慢行交通、保护自然与文化遗产等综合功能。未来我们将构建区域级、城市级和街区级三个层次的水系廊道系统。区域级廊道接驳珠三角绿道网络，它将串联粤港澳大湾区的森林公园、自然保护区、风景名胜区、郊野公园、滨水公园和历史文化遗迹等绿色节点，保障区域生态系统的健康稳定发展。城市级廊道分为河流廊道主题绿道、山地水库主题绿道和滨海生态主题绿道，将"山、水、林、城、海"资源点

山地·水库

平原·河道

滩涂·海湾

通山达海的城市水系统

整合串联，链接九大流域，让城市融入自然。街区级廊道顺应自然地形，结合休闲文化资源、城市道路系统、绿色海绵设施等要素，由多元化的空间形态自由组合，将城市各功能组团串联到绿色生活当中，构建滨水绿色社区（Waterfront-Green-Community, WGC）。

第五，水路共生新格局的核心目标是从建设模式上根本性改变城市高速路、快速路等动脉交通基础设施对自然生态系统的野蛮破坏与粗暴割裂。通过思维方式的转变，对于城市及区域范围内还在规划中的主干交通路网，建议采取高架桥形式穿越生态敏感控制区，通过低冲击的建设模式对生态基底进行最大程度的保护。对于已经建成的主干交通路网则进行差异化改造，例如建议将重要生态节点改造为下穿式隧洞，无法降低高程的区域建议增加上跨式生态连廊，以保障区域间生物的迁移保育。此外，水路共生新格局系统将与城市轨道交通换乘点和城市公交枢纽的资源点进行统筹规划建设，在中心城区内部融合 TOD 用地开发模式，建立较高密度布局步行网络，形成完善的步行过街设施和立体步行设施，并设置适宜步行的公共开放空间等多种服务设施。

综上，只有最优化的水资源利用效率、最高效的水污染处理能力、最先进的水生态保障体系和最完善的水廊道网络格局，才能实现山水林田湖生命共同体的健康稳定发展与城市的可持续发展。

第三节　街区水系统：城市水系统的创新应用

自从我国实行改革开放政策以来，特别是近 30 年，我国城市化快速发展，城镇体系日益完善，城市系统已形成骨架。当前，我国已经进入城镇化的战略转型期，城市仍将面临长期的发展，如棚户区和边缘区改造、城市更新及深度城市化等问题，表现为由面上的城市化向点状的城市化发展。同时，科学技术的快速发展也积极推动了城镇化与信息化的深度融合，传统的城市管理模式也向智慧城市、智慧社区、智慧园区等新型管理模式转变。

在水环境治理领域，传统的"末端治理"是主流模式，自从"水十条""十三五"规划出台后，理念上已经从"末端治理"模式，转变为"源头减排、过程阻断、末端治理"全过程、综合化的"水系统模式"。[36] 海绵城市的发展，为城市水管理注入新的理念，即把雨洪作为一种稀缺资源的多目标统筹。同时，水供给侧和水消耗侧的独立运行不利于持续发展，需要从新水务和新城市化角度转变，推进水系统"取、供、用、排"的统筹。

一、街区水系统

已有的研究大多把水系统割裂出来，单独研究污水处理、雨水利用或水信息化，仍未有研究将三者相结合。本项研究拟针对以上问题，从源头收集处理、供水需水统筹、取供用排全循环等"系统模式"，提出"街区水系统（Block-Water-Clean system，BWC）"结构模式，该系统可实现雨水资源化、污水就地处理、中水回用、处理站点无人值守，从而节省人力、物力、时间成本，并可实现物业化管理。

BWC 系统是针对我国城中村、产业园区等污水无法集中收集处理和管理难的区域，集成雨水收集利用、分散污水处理回用及水雨情监控预警等技术的水系统，其组成结构如第 165 页图所示。

该系统以水系为统领，包括雨水单元、污水单元，以及水质水量模拟、预测和预警单元，可实现雨水资源化、污水就地处理、中水回用、处理站点无人值守，并可实现水务设施的物业化管理。

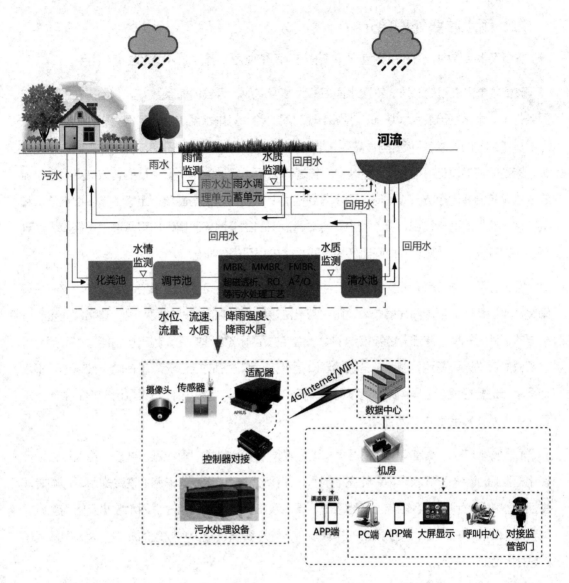

内文字内容：

河流

雨情监测　水质监测　回用水
雨水　雨水处理单元　雨水调蓄单元

污水

水情监测　水质监测

回用水　回用水　回用水

化粪池　调节池　MBR、MMBR、FMBR、超滤透析、RO、A²/O 等污水处理工艺　清水池

水位、流速、流量、水质　降雨强度、降雨水质

摄像头　传感器　适配器　APRUS
4G/Internet/WIFI
数据中心

控制器对接

污水处理设备

机房

渠道商 居民
APP端　PC端　APP端　大屏显示　呼叫中心　对接监管部门

街区水系统概念图

二、雨水收集处理单元

在街区水系统中，雨水单元包含海绵设施、雨情监测、调蓄池、雨水收集及回用。

随着城市化进程的加快、不透水面积的大幅度增加，导致径流系数变大，使得在相同的降雨条件下，雨水径流量大大增加，洪峰出现时间提前，对排水系统造成了很大压力。对应国家海绵城市建设的要求，70% 雨水需要就地消纳 31.3 毫米的场降雨不增加外排水，通过增设渗透、滞留等海绵设施可增加下渗雨水量，削减流入雨水管道的雨水量，从而有效减少雨水溢流的发生，控制暴雨径流。降雨时，雨水落到地面上需要经过植物截留、土壤下渗、地表洼蓄和蒸发后才会形成雨水径流，流入雨水管道。建设下凹式绿地等滞留设施可蓄渗雨水径流，达到暂存、缓存雨水的作用，同时有机污染物在雨水内也可得到净化。

雨情监测主要包括雨量及雨水水质监测，在现场监测点安装数据采集通信设备，实时采集雨量、水质参数。当降雨强度较大，雨水管无法接纳超出截流能力的雨水时，建调蓄池是十分必要的。降雨初期，将部分能被接纳的雨水直接送至雨水处理单元；超出接纳能力的那部分雨水部分溢流进入调蓄池，剩余部分直接溢流至水体。调蓄池内的溢流雨水在晴天被输送至雨水处理单元进行处理，这样可减少雨水处理单元的在线流量，避免了含有大量污染物的溢流雨水直接排入水体，给水体造成污染。

雨水收集与回用就是将雨水根据需求进行收集，并对收集的雨水进行处理，达到符合设计使用标准后回用于灌溉农作物、补充地下水、绿化、洗车场用水、道路冲洗冷却水、冲厕等非生活用水用途。目前多数由弃流过滤系统、蓄水系统、净化系统组成。雨水收集及回用可以实现节能减排、绿色环保、减少雨水的排放量、节约水资源、减少水处理的成本，大大缓解我国的缺水问题。

三、污水收集处理单元

在街区水系统中，污水单元包含化粪池、水情监测、调节池、污水处理及回用、清水池等。

化粪池是一种小型污水处理系统，同时也是生活污水的预处理设施，它可以沉淀杂质，并使大分子有机物水解，成为酸、醇等小分子有机物，改善后续的污水处理。水情监测主要是现场采集流量、水位、水质等参数数据，如 pH 值、COD_{Cr}、BOD_5、氨氮、总磷、总氮等指标。调节池是用以调节进、出水流量的构筑物。为了使管渠和构筑物正常工作，不受污水高峰流量或浓度变化的影响，需在污水处理设施之前设置调节池。污水处理工艺应根据处理规模、水质特性、受纳水体的环境功能及当地的实际情况和要求，经全面技术经济比较后优选确定。目前常用的污水处理工艺包括：活性污泥法，如序批式活性污泥法（SBR）、厌氧好氧工艺法（A/O）、厌氧—缺氧—好氧法（A²/O）、氧化沟等；生物膜法，如生物滤池、生物转盘、生物接触氧化池等；厌氧生物处理法，如厌氧消化、水解酸化池、上流式厌氧污泥床反应器（UASB）等；自然条件下的生物处理法，如稳定塘、生态系统塘、土地处理法等。污水经过处理后，通过设置水质闸门实现分质排水，水质较好时可回用于生活的杂用水、补充地下水及河道、灌溉农作物、道路冲洗、绿化、消防等，水质较差时不外排，通过内循环至污水处理设施再进行深度处理，待水质处理达标后再外排。清水池可暂时贮存净化后的清水，清水池的作用是让滤后的洁净澄清的滤后水沿着管道流往其内部进行贮存，并在清水中再次投加液氯进行一段时间的消毒，对水体的大肠杆菌等病菌进行杀灭以达到灭菌的效果。

四、水质水量监测模拟单元

流量水质模拟预测单元[37, 38]包含生活污水流量水质模拟预测、工业废水流量水质模拟预测、降雨径流模拟预测等。通过对街区水系统的流量和水质进行模拟，从而为预警单元提供决策依据。

生活区污水流量水质模拟预测，根据生活污水流量和水质的基本变化情况，采用傅里叶级数表征其变化模式，模拟不同季节时段、不同区域尺度下的流量和水质变化的基本规律。

工业区废水流量水质模拟预测，根据工业区不同工业企业废水排放类型，总结各个工业企业基本排放规律，模拟预测其排放模式。

降雨径流模拟，根据非线性水库模型，[39, 40]模拟降雨径流在系统内的产生量。同时，可以采用不饱和、饱和两层土壤模型，[41]模拟降雨入渗过程，进一步模拟降雨入渗对街区水系统内流量和水质的影响。

五、水系统预警单元

预警单元主要对系统中所有监控设备及水处理设施进行远程、实时监控管理，当出现非正常运行状态时，终端用户可远程操控、调节系统参数，降低运行、维护和监管的成本。

本单元主要运作流程为：采集现场监测设备输出的电压或电流的模拟信号后，利用 GPRS 网络实现数据的无线实时上传，自动对采集的数据进行初步处理、显示、存储，并利用物联网技术将数据发送到预先设定的具有固定 IP 地址或者域名的监控中心数据服务器端口上，数据上传到数据中心并建立信息数据库。通过中心数据服务器，应用数据库技术，利用数据应用子系统对数据进行存储、统计和分析，完成对不同监测点各参数的实时数据、小时数据、日数据报表图表等不同方式的表现和分析，生成各种统计分析报表、趋势图表和直观的图形，实现对监测数据和统计值的组合查询。[42]

街区水系统通过降雨、供水、排水、回用等过程实现水资源的良性循环，具有典型的生命体的新陈代谢特征。雨水资源化不仅控制了城市内涝问题，同时将雨水循环利用，有效缓解水资源短缺问题；分散式污水处理可实现污水就地处理、就地回用，减少投资；监控及预警系统可实现对现场端的设备信息和异常情况进行远程监管，节省人力、物力。从街区尺度看，构建集成雨水收集利用、污水处理回用、水质水量监测模拟单元、水系统预警单元为一体水系统，是未来城市水务物业化管理的雏形，具有广阔的市场空间。

街区水系统具有体积小、占地面积小、处理水质好、运行费用低、自动化程度高等优点，可采用物业化管理模式进行维护。可应用到人口居住分散、管网配套不完善的经济较落后地区。但是，在应用及推广该系统时应注意以下几个问题：

（1）系统因突发停电导致停止运作。由于街区水系统规模较小，配电功率相应较小，可通过配套备用发电机避免停电对系统造成影响。

（2）污泥处置不当。应选择剩余污泥产率低的带有厌氧的污水处理工艺，定期将污泥运至集中的污泥处置地。

（3）国家政策配套滞后。应尽快出台相关国家和地方扶持政策，加强技术的管理和规范，促进街区水系统的推广。

现阶段，BWC 系统重点针对我国城中村、产业园区等污水无法集中收集处理和管理难的区域，可成为城市现状水系统难以覆盖区域及城市更新区的有效补充。未来，街区水系统可望成为城市水系统中一个个富有活力的细胞。

第十章 流域海绵，山水林田湖

第一节 从海绵城市到流域海绵 〜〜〜

前文我们探讨了如何系统解决城市水问题，对于存量问题，通过构建多维海绵水骨架、梳理浅表水格局、活化生态水岸线等措施可以解决，对于可能产生的增量问题，可以通过水系先导下的多规合一以及人工水生态系统的建设来预防。但是，不可回避的是，城市水系统是城市系统的一部分，同时更是流域水系统的一部分。城市与流域内的其他城市、乡村存在着上下游、左右岸的亲密关系。

一、流域海绵概念的提出

我们知道给人治病不可以"头痛医头，脚痛医脚"，而要"望闻问切"，寻找病根，如此方能药到病除。其实治水也是如此。防洪不能仅靠加高堤防，除涝也不能依靠多建排涝泵站，治理黑臭水体的很多技术手段也仅仅是"治标"，而非"治本"。我们需要从全局出发，找到城市水问题产生的根本原因。而很多时候，城市水问题的产生并不完全因为城市本身的规划、建设和管理的不合理、不到位。

以洪涝问题为例，海绵城市或者多维海绵城市所针对的内涝问题是指由于强降水或连续性降水超过城市排水能力致使城市内产生积水灾害的现象。对流域降雨超过自然土壤的吸纳能力所形成的大江大河水位上涨从而导致的洪涝灾害，海绵城市只能在一定程度上进行缓解，这是由于城市建成区占流域总面积较少，可提供调蓄容积有限等原因造成的。

水污染问题亦然。以长江上游某支流为例，该河流流经 A 市，在 A 市范围内干流长度

100 多千米，流域面积 6000 多平方千米，其中城市建成区面积约 1000 平方千米，其余为乡村。尽管水体黑臭等水问题突出表现在城区，但很大一部分污染物来自于流经乡村的末级支流，城市水问题需要依靠乡村来解决。

回归到海绵城市建设的本质，是构建一个安全、高效、清洁的健康水系统。考虑到城市水系统是流域水系统不可分割的一部分，需要将海绵城市作为流域的一个单位来统筹考虑，因此，提出了海绵流域的概念。

流域海绵流域建设，是以生态为本、通过水系统筹的一种新型城镇化建设思路。一方面尊重山、水、林、田、湖、草生命共同体，最大限度保护现有的河流、湖泊、湿地、坑塘、沟渠等水生态敏感区，留有足够涵养水源、应对较大强度降雨的林地、草地、湖泊、湿地，维持城市开发前的自然水文特征，减少城市开发建设活动的影响。另一方面充分利用流域现有的山、塘、库、湖，打造"渗、滞、蓄、净、用、排"有机结合的水系统，提高雨洪资源的利用率，蓄滞洪水、削减洪峰，净化周边面源污染，同时通过水系连通，保留和扩大景观水面，保护和改善水生态环境。

根据流域上、中、下游的不同水情，其在"渗、滞、蓄、净、用、排"体系中扮演的角色不同。河流上游多为山区，其功能以生态涵养、保护为主；中游经过平原区，人口集聚，需要保障防洪安全，保护水质；河流下游入干流、入湖、入海，受到顶托，主要需要解决排的问题。遵从流域统筹、单元控制、系统均衡的原则，当城市单元因空间受限难以保障海绵设施落地时，可通过城乡共建的方式获得平衡。

二、从流域治理到流域管理

流域综合管理包括流域环境管理、资源管理、生态管理以及流域经济和社会活动管理等一切涉水事务的统一管理，它是以流域为基本单元，把流域内的生态环境、自然资源和社会经济视为相互作用、相互依存和相互制约的统一完整的生态社会经济系统，以水资源管理为核心，以生态环境保护为主导，以维持江河健康生命为总目标，以科学发展观统领流域的各项管理工作，采取行政、法律、经济、科技、宣传教育等综合手段，统筹协调社会、经济、环境和生产、生活、生态用水等各方面的关系，使流域的社会经济发展与水资源环境的承载能力相适应，以供定需，以水定发展，在保护中开发，在开发中保护，全面建设节约型社会，大力发展循环经济，认真制定并严格执行流域长远规划，实行统一管理、依法管理、科学管理，规范人类各项活动，综合开发、利用和保护水、土、生物等资源，充分发挥流域的各项功能，最大限度地适应自然经济规律，力争实现流域综合效益的最大化，维持江河健康生命，使人与自然和谐共处，实现流域社会经济和环境全面协调可持续发展，确保流域防洪安全、水资源安全，生态环境安全、饮水安全、粮食安全。

中国现行水管理体制仍然没有根本改变"多龙治水""群龙无首"的局面，目前水资源分地区、分部门的管理体制中，由于权属管理部门与开发利用部门之间职责不清，流域水资源统一管理的有机整体被人为分割，形成部门分割、城乡分割、地表水与地下水分割、地区间分割，导致部门之间职能交叉和职能错位的现象并存。地表水与地下水的统一管理体制仍未理顺；管水、供水、用水、排水管理体制很不协调；水污染的防治、水资源的保护、水土保持以及防洪减灾、城乡供水、水量和水质的管理体制没有有机结合起来等。水利、建设、国土资源、环保、市政、规划、农业、卫生等部门均与水有关，各部门往往只从局部利益出发考虑问题，难以对水资源实施统一管理和优化配置、合理利用，严重违背了水资源循环规律，难以按照价值规律建立统一完整的水价格体系，造成竞争性开发、掠夺式利用、粗放型管理，使得用水矛盾突出、水资源浪费、水污染严重，引发了许多生态和环境问题，从而导致效益低下、恶性循环。这种现行的管理体制和机制，不利于江河防洪的统一规划、统一调度、统一指挥；不利于水资源统一调度、统筹解决缺水问题；不利于地表水、地下水统一调蓄，加剧了地下水的过量开发；不利于解决城市缺水问题；不利于统筹解决水污染问题；不利于水资源的综合效益发挥和可持续利用；不利于生产力的发展。

现有的流域管理机构职能单一，管理政策法规不健全，管理手段不完善，管理体制不顺、缺乏履行职能所必需的自主管理权、经济实力、制约手段，缺乏流域水资源统一管理、有效监测的机制，以及充分的信息沟通渠道，使得流域管理机构的地位虚化；流域管理与区域管理、行业管理与统一管理的关系没有理顺，职责权限交叉不清，互相牵制，矛盾重重。流域水行政管理机构和水资源保护机构的并存，使得水资源的量与质两个方面的管理被人为地分割；流域内大型供水及引水工程分属不同地区和部门管理，尚未形成流域统一管理和区域管理相结合的管理体制，利益相关方参与不足，用水户之间缺乏横向联系，没有形成权威的流域协商决策和协调议事的机制，公众权益得不到保障。目前流域水资源竞相开发、分散管理的问题较为严重，流域机构缺乏强有力的约束机制和管理手段，难以对流域水资源的开发利用实行有效的监督管理，不能对全流域水资源实施全方位的统一管理，也没有将水资源的管理纳入流域经济社会的发展之中。

发达国家走过的流域管理之路，可为我国提供借鉴：

1. 立法是流域综合管理的基础

立法对流域综合管理的重要性在于：立法确立了流域管理的目标、原则、体制和运行机制，并对流域管理机构进行授权。例如南非《水法》依据可持续性、公平与公众信任的原则，通过水所有权国有化与重新分配水使用权，公平利用水资源，确保水生态系统的需水量，将决策权分散到尽可能低的层次，并建立新的行政管理机构。《欧盟水框架指令》的主要目标是在2015年以前实现欧洲的"良好水状态"，整个欧洲将采用统一的水质标准，地下水资源超采现象将被遏制。

2. 建立有效的流域管理机构

各国流域管理机构均根据相关立法、协议或政府授权而建。例如欧洲莱茵河流域的管理机构就通过国际协议建立了莱茵河航运中央委员会、莱茵河国际保护委员会（1950年）和莱茵河国际水文委员会（1951年）。澳大利亚墨累－达令河流域通过联邦政府与州政府的《墨累－达令河流域动议》建立了部级理事会、流域管理委员会和社区咨询委员会。美国根据流域法律成立了田纳西河流域管理局，通过联邦政府与州政府的协议建立了特拉华河流域委员会。加拿大弗雷泽河流域根据广泛接受的《可持续发展宪章》建立了流域理事会。美国和加拿大通过国际协定建立了国际联合委员会，处理两国跨界河流问题。

3. 流域机构和管理模式的多样化

流域管理机构是流域综合管理的执行、监督与技术支撑的主体，但不同的流域管理机构在授权与管理方式上有较大的差别。流域管理机构作为利益相关方参与的公共决策平台，其权威性往往是各种利益平衡的结果与反映。有效的流域管理机构通常有法定的组织结构、议事程序与决策机制，其决策对地方政府有制约作用。虽然流域管理机构的权限范围会随着流域问题的演变而有所调整，其权威性也会受到来自地方与部门的挑战，但符合国情与流域特点的流域机构依然是流域综合管理的体制保障。

4. 流域管理的合理权利结构

在流域综合管理的框架下，对支流与地方的适当分权是流域管理落到实处的重要保障。例如莱茵河流域管理机构建立了统一的标准和强化机制，但责任分摊；墨累－达令河流域有 18 个属于非营利机构的支流委员会，负责所在流域生态恢复计划的制订与项目设计等，每个支流委员会的主席是流域社区咨询委员会的委员；南非成立了 19 个流域管理区，每个流域管理区由 9~18 位利益相关方与专家组成一个流域管理机构，他们根据各自的需要提出流域管理策略，并负责具体执行与实施。

5. 流域规划

编制流域综合规划是流域管理机构进行流域综合管理的重要手段，几乎所有的流域管理机构都将编制流域综合规划作为最重要和核心的工作，通过流域综合规划对支流和地方的流域管理进行指导，而且规划的目标和指标常常是有法律效力的。墨累－达令河流域在流域机构建立之初，就编制了《墨累－达令河自然资源管理战略》，近期又将之更新为《墨累－达令河流域综合管理策略》，并编制了《盐碱化防治规划》等专项规划。在 1996 年洪水之后，莱茵河流域编制完成了《莱茵河洪水防御计划》等规划。《欧盟水框架指令》的核心也是编制流域综合管理规划。根据该指令，所有国家的流域（管理）区必须每六年制订一次流域管理规划与行动计划。

6. 引入经济手段与完善投融资机制

流域管理的经济手段是多种多样的。澳大利亚通过联邦政府的经济补贴，来推进各省的流域综合管理工作。莱茵河流域管理机构与欧盟则采用补贴原则，如果某国达不到所设定的标准，欧盟委员会将对该国进行处罚。加拿大哥伦比亚河流域则把水电开发的部分收益对原住民进行补偿，用于社区流域保护与教育活动。荷兰通过规范河漫滩的采砂权来筹措河流生态恢复的资金。南非则将流域保护和恢复行动与扶贫有机地结合起来，每年投入约 1.7 亿美元雇用弱势群体来进行流域保护，以改善水质、增加水供给。

流域管理的融资手段也是多种多样的，其中政府投入、项目投入与流域机构服务收费是流域管理的主要融资渠道。加拿大弗雷泽河流域通过对流域内居民每人每年征收 0.07 加元（0.35 元人民币）作为流域理事会的经费来源，而墨累－达令河流域管理机构规定不能接受私人或私营部门的捐款。

7. 利益相关方参与

所有利益相关方的积极参与，实现信息互通、规划和决策过程透明，是流域综合管理能否实施的关键。增加决策的透明度、推动利益相关方的平等对话（包括所有水用户）是解决水冲突的最佳方法。按照澳大利亚昆士兰省《水法案》，在制定流域规划时需要开展两次对公众的咨询活动，并要有书面咨询报告。《欧盟水框架指令》提出了关于在该指令实施中积极鼓励公众参与的总体要求，要求在规划过程中进行三轮书面咨询，并要求为公众提供获取基本信息的渠道。根据流域管理的内容与要求不同，利益相关方参与的方式也有所不同，例如参加流域决策机构、流域管理机构或流域咨询机构，参与规划、咨询或听证会，以及及时告知受影响群体等。

8. 坚实的信息和科技基础

流域综合管理需要坚实的信息与科学基础，其中完善的流域监测网络和现代信息技术的应用对流域自然、社会、经济的综合决策与管理至关重要。只有科学地认识流域问题才可能做出科学的规划与决策。因此，许多流域管理机构均通过各种方式提高其科技支撑能力。另外，有关流域科学知识的传播也同等重要，只有社会各界对流域的生态与环境问题具有科学共识，才能采取一致的行动来保护与重建流域生态系统。

9. 开展宣传教育、提高公众意识

在许多政府机构、流域机构、水企业或其他相关机构中，都有主管宣传的部门，负责宣传与提高公众意识，其中包括对来访者的接待、组织各种各样的宣传教育活动（包括中小学生参加的活动）。宣传资料也多种多样，从规划、技术报告、流域机构的年度报告，到小的折页、书签等，而且都是免费提供的。只有提高流域内公众的意识，并让其自觉和主动地参与保护与恢复行动，才能真正实现流域管理的目标。

当今世界的每个城市的发展都与外界以及经济全球化的发展趋势紧密联系，不可能是封闭、孤立的个体，不能关起门来自成体系、自求平衡，它能够存在的本质就在于它与乡村及其他城市有一种内在联系，地理学家称这种关系为"共生关系"。高密集的城市群是一个庞大的社会经济体系，能产生更大的聚集效应。在流域城市群中，流域水资源如何分配、水环境如何保护必将成为城市群发展的重要课题。

第二节　立足流域城市群的水源保障格局 〜〜

水资源是基础性的自然资源、战略性的经济资源，也是生态与环境的控制性要素。未来经济社会的快速发展，带动水资源的需求的日益增长。深圳市人均水资源量是全国人均值的1/20、世界人均值的1/60，远远低于国际公认的人均1000立方米的缺水下限，在世界大城市名列百位之后。近年来，随着人口增长、经济发展、人民生活水平提高，供水形势日趋紧张。作为一个加快向国际化大都市迈进的城市，水资源已经成为约束深圳社会经济及城市发展的重要因子。

一、自律式发展模式

深圳属于本地水资源贫乏性城市，水资源开发利用程度已较高，目前供水中存在的主要问题是水资源短缺问题，属于资源性缺水。为此，解决城市供水问题，要在进一步搞好城市节约用水工作的同时，加快城市供水水源工程建设，尽快研究确定的各阶段水源工程。

根据深圳市城市总体规划及社会经济发展相关规划，2015年和2020年深圳市正常城市需水量分别为22.5亿立方米和26.0亿立方米，现有及规划的本地水源工程实施后，与2015年和2020年用水需求量相比分别存在3.3亿立方米和6.8亿立方米的缺口，为此，迫切需要实施相关工程解决用水缺口问题。

从自身的实际情况出发，深圳市提出了基于自律式发展模式下的水源保障格局战略。所谓自律的发展模式是指人们在经济发展过程中形成的一种自律意识、自律行为。通过自律，自己约束自己，从而达到可持续发展的目的。可持续发展所要解决的一个基本矛盾，就是社会发展的无限性即绝对性与资源环境支持的有限性即相对性之间的矛盾。要解决这一矛盾，必须从两个方面入手，一是要对人类不合理的行为进行自律，二是人类要进行积极的创新。在经济社会发展过程中，人们对大自然的索取、对资源的开发利用，已经对大自然产生了破坏、对生态与环境产生了影响，而且这种破坏和影响已经对人类自身发出了严峻的信号，敲响了警钟。因此，在经济发展的同时要高度重视生态系统，高度重视环境保护。要做到人与自然和谐相处，自律式发展必须处理好两个重要指标：一个是资源承载能力，一个是环境承载能力，即要建立资源节约、环境友好型社会。

二、深圳水源保障格局

鉴于深圳市属于资源性缺水城市的现实，为确保深圳市中远期用水安全，应首先立足于新增境外引水。珠三角"西水东调"项目实施后，可解决深圳缺水问题，同时深圳市境外水源将实现双水源，两大境外水源可互为补充，互为应急备用。

远期深圳市供水水源系统将形成东深供水、东部供水和西江引水三大境外水源为主，清林径、公明、铁岗、深圳、海湾五大调蓄供水水库为中心的供水水源系统；原水的输配将形成以供水网络干线、北线引水、北环干管以及公明－鹅颈－石岩输水隧洞为输配水干线，以网络干线各支线（东清输水、坪地支线、獭湖支线、大工业城支线、大鹏支线、盐田支线、笔架山支线、梅林支线、长茜支线、铁石支线、石松供水）、龙清输水、龙茜供水、坂雪岗支线等为主要输配水支线的全市供水网络布局系统。

鉴于深圳、东莞、惠州合作示范区的策划已提到珠三角一体化发展的议事日程，作为基础设施的供水水源工程宜尽早筹划，加强与惠州市、东莞市的合作，尽快开展对该项目的前期研究，充分论证项目实施的必要性和重要意义，分析珠三角兄弟城市合作机制，为政府决策提供依据，推动深莞惠进一步深度合作发展。

鉴于目前广东省已将珠三角"西水东调"列入"十二五"期间全省十大重大建设项目，建议在珠三角"西水东调"工程规模分析中充分考虑相关各市不同工况、不同年份需求，对深圳市交水位置进行充分的比较论证。鉴于深圳市目前用水量已接近总可供水量，建议加快珠三角"西水东调"前期和建设进程，促进深圳和周边东莞、惠州等城市应急备用水源保障体系建设，提高水危机情况下深圳市水源应急保障能力。同时为配合省厅"西水东调"规划工作，建议深圳市组织相关力量开展对包括深圳远期境外引水需求、西江引水后深圳市供水布局调整、配套项目、水资源优化分配方案等的研究。

水资源是城市发展的基础条件，由于受自然条件影响，深圳市自身的水资源相对匮乏。雨洪、污水和海水资源的开发利用对缓解水资源供需矛盾、满足经济发展对水资源的需求具有重要的作用，为适应自律式发展模式，远期应加大雨洪、污水和海水资源开发利用工程投入，加快雨洪、污水和海水资源利用的科技研究和试点工程建设步伐，以示范项目试点带动海水淡化技术发展。

深圳市水源保障格局战略从水资源开发利用的各个环节入手，以水源的可持续利用为目标，在"先节水、后调水，先治污、后通水，先环保、后用水"的原则下，以"节流优先，治污为本、多渠道开源，安全储备、水源保护"作为城市水资源可持续利用的新战略，以促进城市水系统的良性循环。

第三节　细胞规划论：美丽乡村的规划思考 〰️

城镇化导致农村人口不断流向城市，农村人口的减少使得农村环境问题包括水环境问题并不突出。然而随着乡村振兴战略的推进，农村水环境的保护和改善将提上日程。需要注意的是，不论是居住形态、产业还是风俗文化，农村和城市都有很大差别，对待农村水问题，也需要因地制宜，而不是照搬城市治水的套路。

近代城市规划重要功能之一就是控制大城市，引导大城市健康发展[20]。我国传统城市规划体系包含城乡规划、国民经济和社会发展规划、土地利用总体规划以及生态环境保护规划等组成部分。城市规划理论集中探讨城市土地利用方式与人居环境建设，然而，乡村需不需要规划？如何规划？中国新农村应如何建设？我们还在探索。

一、美丽乡村规划思考

与城市不同的是，乡村具有以下三个特点：

一是规模小，布局分散。这是我国农业生产水平低和便于耕作管理的要求造成的。在乡（镇）域范围内，有许多规模大小不等的村庄和集镇，形式上是分散的个体，实质上是相互联系的有机整体。它们在生产、生活、文教、服务和贸易等方面形成网络结构体系，呈金字塔形分布。

二是村庄类型多样化。我国幅员辽阔，民族众多，各地自然生存环境、社会经济条件、历史文化背景差异巨大，造成各地村庄在结构布局形态、社会经济职能、民俗民风、生产特点乃至建筑风格等多方面呈现多样化的格局。

三是地区发展水平差异大。各地区村庄生产发展的不平衡以及自然条件和建设条件的不同，造成村庄的规模、分布密度、生产能力、经济效益及农民的物质文化水平等各不相同。

由于历史原因，我国以往的村庄规划所遇到的村庄建设发展的主要问题概括起来集中表现为：土地浪费严重、资源利用差、基础设施落后、投资环境差、难以培育工商业文明、生产要素市场难以建立、环境污染难以治理和村庄自身特色缺失八个方面。在新时代"乡村振兴战略"的指引下，我们对于"中国新农村"提出了自己的解读。它并非传统城镇规划理念中对于核心城区—副中心—新市镇—组团—街区的简单复制与照搬，而是将每一个村庄理解为一个有生命的细胞单体，水系就是村庄的血脉，道路就是村庄的骨骼。村庄作为一个细胞单元通过自我生产、自我消费、自我代谢、自我循环的方式，组成新农村的有机生命体。

二、细胞规划论的提出

基于上述思考，我们提出"细胞规划论"的创新理念，并在崇明岛三星镇田园综合体水域生态建设概念方案中得到体现。在本项目中，崇明岛共计 270 个行政村、18 个乡镇，它们共同构成了崇明岛的"有机生命体"。

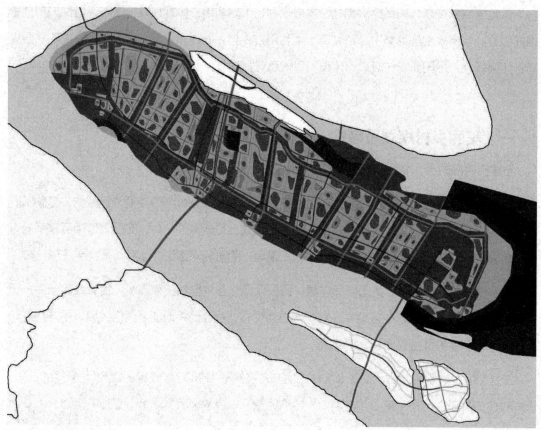

崇明岛的"有机生命体"

我们选取三星镇的新安村为例，在 2 平方千米的土地上，按照细胞结构重新规划了乡村发展的蓝图。首先，村庄边界的水脉、防护林带与微地形构成"细胞膜"，它建立起生态屏障的功能，保障村庄生态系统的稳定和健康。第二，村庄内部的农田和经济林带构成"细胞质"，通过产出食物与能量维护村庄的生产功能。第三，村庄中心的农宅和服务设施构成了"细胞核"，它是维持繁衍生息与物资交换的场所，保障村民世世代代生命的延续。

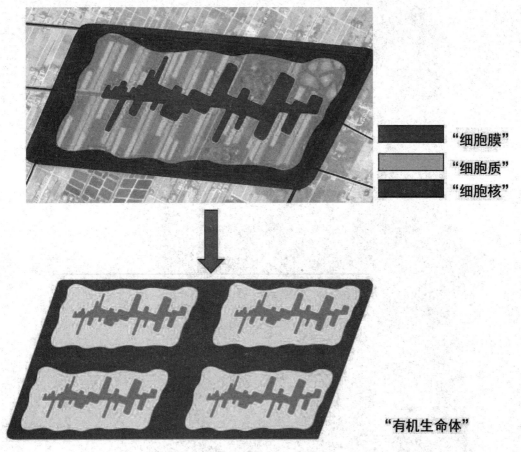

"细胞膜"

"细胞质"

"细胞核"

"有机生命体"

"细胞"组成"有机生命体"

　　最终，"细胞规划论"形成了一套可复制、可推广的乡村建设理论体系。它实现了多目标的乡村振兴思想，包含调和林田配置、优化山湖系统、创造自我代谢、提升生物多样性、开发综合功能、创造土地价值、提高生活质量。

① 净化湿地　④ 特色农田　⑦ 生态博物馆　⑩ 生态鱼塘　⑩ 乡村酒店
② 浅丘地形　⑤ 经济果林　⑧ 现状农宅　⑪ 老年中心
③ 防护林带　⑥ 生态廊道　⑨ 村民中心　⑫ 村民中心

一个"细胞单元"

　　　　　　　　　　从海绵城市到多维海绵　**系统解决城市水问题**

注释

[1] 俞孔坚. 景观作为生态基础设施 [J]. 景观设计学，2013（3）：6-7.

[2] 鲍世行，顾孟潮. 杰出科学家钱学森论：山水城市与建筑科学 [M]. 北京：中国建筑工业出版社 ,1999.

[3] 冯·贝塔朗菲 . 一般系统论 基础、发展和应用 [M]. 北京 : 清华大学出版社，1987，3-5.

[4] 王婧 . 水网型城市水系规划方法研究 [D]. 同济大学，2008.

[5] 绍益生 . 城市水系统科学导论 [M]. 北京：中国城市出版社，2015.

[6] 邵益生，张志果 . 城市水系统及其综合规划 [J]. 城市规划，2014，38（2）：36-41.

[7] 王秀艳，朱坦，王启山，等 . 城市水循环途径及影响分析 [J]. 城市环境与城市生态，2003，16（4）：54-56.

[8] 裴源生，赵勇，张金萍，等 . 广义水资源高效利用理论与核算 [M]. 郑州：黄河水利出版社，2008.

[9] 刘俊良，王鹏飞，臧景红，等. 城市用水健康循环及可持续城市水管理 [J]. 中国给水排水，2003，19（1）：29-32.

[10] 邵益生. 城市水系统控制与规划原理 [J]. 中国城市规划设计研究院 50 周年院庆专版，2004，28（10）:62-67.

[11]Zimmer D, Renault D. Virtual water in food production and global trade: Review of methodological issues and preliminary results [C]. IHE Delft, 2003.

[12]McPherson M B. Need for Metropolitan Water Balance Inventories. Hydraulics Division[J], 1974, 100 (8): 1187-1189.

[13] 常明旺等 . 工业企业水平衡测试、计算、分析 [M]. 北京 : 化学工业出版社，2007.

[14] 邵益生 . 城市水系统科学导论 [M]. 北京 : 中国城市出版社，2014.

[15] Worpole K. The Health of the People is the Highest Law: Public Health, Public Policy and Green Space. C. W. Thompson & P. Travlou (Eds.), Open Space: People Space [M] NY: Taylor & Francis. (2007) : 11-22.

[16] 仇保兴 .19 世纪以来西方城市规划理论演变的六次转折 [J]. 规划师，2003（11）:5-10.

[17] 夏军，石卫 . 变化环境下中国水安全问题研究与展望 [J]. 水利学报 .2016.47（3）:292-301.

[18] 住房城乡建设部关于印发海绵城市建设技术指南——低影响开发雨水系统构建（试行）的通知 建城函 [2014]275 号 [A/OL]. （2014-10-22）http://www.mohurd.gov.cn/wjfb/201411/t20141102_219465.html

[19] 王健，王福连 . 初（小）雨水截流及在深圳市的实践 [J]. 中国给水排水，2016，32（05）：116-118.

[20] 萧昌东 . "两规"关系探讨 [J]. 城市规划汇刊，1998（1）：29-33.

[21] 吴效军 . "二图合一"的实践与思考 [J]. 城市规划，1999（4）：52-56.

[22] 陈为邦 . 正确处理城市规划和土地利用总体规划的关系 [J]. 城市规划通讯，1996（13）：2.

[23] 钱铭 . 轮土地利用总体规划和城市总体规划的协调与衔接 [J]. 中国土地科学，1997，（5）:1-5.

[24] 钦国华 . 近十年来国内"多规合一"问题研究进展 [J]. 现代城市研究，2016（09）:2-8.

[25] 仇保兴 . 复杂科学与城市规划变革 [J]. 城市发展研究，2009，16（04）:1-18.

[26] 任成好 . 中国城市化进程中的城市病研究 [D]. 辽宁大学，2016.

[27] 焦晓云 . 城镇化进程中"城市病"问题研究：涵义、类型及治理机制 [J]. 经济问题，2015（07）:7-12.

[28] 俞孔坚 . 水生态基础设施构建关键技术 [J]. 中国水利，2015（22）:1-4.

[29] 方创琳 . 中国快速城市化过程中的资源环境保障问题与对策建议 [J]. 中国科学院院刊，2009，24（05）:468-474.

[30] 王浩，王建华 . 中国水资源与可持续发展 [J]. 中国科学院院刊，2012，27（03）:352-358,331.

[31] 仇保兴 . 水专项面临的新形势与新任务 [J]. 给水排水，2013，49（04）:1-9.

[32] 仇保兴 . 我国城镇化高速发展期面临的若干挑战 [J]. 城市发展研究，2003（06）:1-16.

[33] 俞孔坚，李迪华，韩西丽 . 论"反规划" [J]. 城市规划，2005（09）:64-69.

[34] 俞孔坚，李迪华，袁弘，傅微，乔青，王思思 ."海绵城市"理论与实践 [J]. 城市规划，2015，39（06）:26-36.

[35] 仇保兴 . 海绵城市（LID）的内涵、途径与展望 [J]. 给水排水，2015，51（03）:1-7.

[36]2018 年中国水环境治理行业分析报告 [R].（2018-04-24） http://baogao.chinabaogao.com/diaochang/332304332304.html

[37]Zhang M, Liu Y, Dong Q, et al. Estimating rainfall-induced inflow and infiltration in a sanitary sewer system based on water quality modelling: which parameter to use?[J]. Environmental Science: Water Research & Technology, 2017.

[38]Zhang M, Liu Y, Cheng X, et al. Quantifying rainfall-derived inflow and infiltration in sanitary sewer systems based on conductivity monitoring[J]. Journal of Hydrology, 2018.

[39]Gironás J, Roesner L A, Rossman L A, et al. A new applications manual for the Storm Water Management Model (SWMM) [J]. Environmental Modeling & Software, 2010, 25(6): 813-814.

[40]Rossman L A. Storm Water Management Model Reference Manual Volume I – Hydrology [M]. U.S. Environmental Protection Agency 2015.

[41]Dawdy D R, Bergmann J M. Effect of rainfall variability on streamflow simulation [J]. Water resources research, 1969, 5（5）: 958-966.

[42]于大伟，钟华，李子梅 . 基于物联网的城镇污水处理监管系统设计与研究 [J]. 长春工程学院学报（自然科学版）.2015，3（16）：94-97，103.

后记

深圳市水务规划设计院伴随深圳经济特区四十年的辉煌历程，也经历了二十年治水和十余年治河的发展蜕变。三十余年的经验积累与发展创新，我们的治水哲学从"人定胜天"转变为"人水和谐"；治水目标从兴利除害发展到构建水生态文明；水患对策从传统水工的防、堵、排改变为海绵城市的"渗、滞、蓄、净、用、排"；工作范围从河湖水系、堤坝堰闸扩展到在纵向建设"山、水、林、田、湖"的生命共同体，在横向打造河道－河岸－街区的水岸综合体，在竖向完善水、陆、空、底栖生物共生生态圈的无边界河流；工作领域从单一人工的城市灰色基础设施发展到自然生态的绿色基础设施；理论体系从水利工程单一学科发展到融合水利工程、市政给水排水、环境工程和环境科学、生物科学、生态学、城市规划、风景园林等多学科跨部门的合作机制。

伴随着从传统水利到现代水利再到城市水务的更新换代，深圳市水务规划设计院在城市水环境综合治理方面的理论与实践不断推陈出新。自 2006 年，我们在全国率先提出了**"流域规划、综合治水、生态治河"**的理念，率先提出了**"无边界河流"**的思维，率先引入了**"初（小）雨沿河截污"**的策略，率先引入了**"浅表流雨水收集系统"**的举措，率先提出了**"离岛式填海模式"**的格局，率先提出了**"水系先导下的多规合一"**的模式，从**"海绵城市"**延伸到**"多维海绵"**，是为**"系统解决城市水问题"**。

我们将全面贯彻落实党的十九大精神，奋力开创中国特色水利现代化新局面赋予水务人新的使命，秉持敢闯敢干的勇气和自我革新的担当，将人民对美好生活的向往作为我们的奋斗目标！从民生水务走向生态水务、智慧水务，从跨界发展走向无界融合。面对新的理念、新的技术、新的装备不断涌现，我们坚持以流域统筹提升综合治理，以效率效益改善海绵城市，以全域水系来优化水环境建设。我们立志深化体制机制改革，坚持资本市场运作，为推动全过程咨询的行业转型不断进取，砥砺前行。

面向未来，我们期待与业界同人一起开启新征程，呼唤新突破，焕发新活力，谱写新辉煌！

深圳市水务规划设计院有限公司

2018 年 6 月

图书在版编目（CIP）数据

从海绵城市到多维海绵 ：系统解决城市水问题 / 朱
闻博等主编 . —— 南京 ：江苏凤凰科学技术出版社，
2018.8
ISBN 978-7-5537-9566-9

Ⅰ . ①从… Ⅱ . ①朱… Ⅲ . ①城市环境－水环境－环
境综合整治－研究－中国 Ⅳ . ①X321.2

中国版本图书馆CIP数据核字(2018)第183797号

从海绵城市到多维海绵　系统解决城市水问题

主　　　编	朱闻博　王　健　薛　菲　陈　珊
项 目 策 划	凤凰空间／周明艳
责 任 编 辑	刘屹立　赵　研
特 约 编 辑	周明艳

出 版 发 行	江苏凤凰科学技术出版社
出版社地址	南京市湖南路 1 号 A 楼，邮编：210009
出版社网址	http://www.pspress.cn
总 经 销	天津凤凰空间文化传媒有限公司
总经销网址	http://www.ifengspace.cn
印　　　刷	北京博海升彩色印刷有限公司

开　　　本	787 mm×1 092 mm　1/16
印　　　张	11.5
版　　　次	2018 年 8 月第 1 版
印　　　次	2023 年 3 月第 2 次印刷

| 标 准 书 号 | ISBN 978-7-5537-9566-9 |
| 定　　　价 | 158.00 元 |

图书如有印装质量问题，可随时向销售部调换（电话：022-87893668）。